图1 床土育苗

图2 育苗用纸筒

图3 育苗用塑料钵

图4 育苗用穴盘

图5 "戴帽"苗

图6 甘蓝猝倒病的田间表现

图7 穴盘育苗

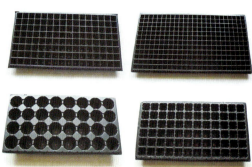

图8 不同规格的穴盘

图9 人工装盘

图10 压 盘

图11 浇 水

图12 盖 膜

图13　插接法

图14　劈接法

图15　西兰花

图16　西兰花散花、焦蕾

图17　黄板诱杀害虫

图18　西芹菌核病症状

图19　直立生菜

图20　生菜霜霉病症状

图21　生菜菌核病症状

图22　生菜软腐病症状

图23　空心菜

图24　茼　蒿

图25 芦笋采收工具及方法

图26 弯曲笋

图27 硬质塑料育苗盘

图28 栽培架

图29 绿化室中生长的芽苗菜

图30 育苗盘生产豌豆芽苗菜

图31　苗床生产豌豆芽苗菜

图32　播后叠盘

图34　香椿芽苗菜

图33　花生芽苗菜

图35　香椿种子

图36 荞麦种子

图37 樱桃番茄

图38 彩 椒

图39 紫长茄

图40 采用劈接法嫁接的茄苗

图41　茶黄螨为害的茄子

图42　黄瓜白粉病症状

图43　樱桃萝卜

图44　草　莓

内容简介

　　本示范培训教材的编写以掌握一门实用技术为出发点，本着科学、实用的原则，以生产过程为主线，对我国稀特蔬菜的品种类型、对环境条件的要求、栽培季节与制度、生产管理技术做了详尽的讲解，对于培养学习者的实践技能，提高农村蔬菜的种植技术水平，增加蔬菜生产者的经济收入等方面，都具有重要的指导意义。

　　教材内容由 19 个项目组成，内容包括导言、蔬菜育苗技术、西兰花的生产技术、球茎茴香的生产技术、荷兰豆的生产技术、塑料大棚豇豆的生产技术、西芹的生产技术、生菜的生产技术、空心菜的生产技术、茼蒿的生产技术、韭菜的生产技术、荠菜的生产技术、芦笋的生产技术、芽苗菜的生产技术、樱桃番茄的生产技术、彩椒的生产技术、紫长茄的生产技术、迷你黄瓜的生产技术、樱桃萝卜的生产技术、无公害草莓的生产技术。每个项目按照生产过程以设定任务的形式对每一种蔬菜的生产环节分步骤进行介绍，最后以知识自测题、技能操作对学习效果进行评价。

新型职业农民示范培训教材

稀特蔬菜生产新技术

张俊萍 主编

中国农业出版社

新型职业农民示范培训教材

编 审 委 员 会

主　任　陈明昌　毋青松

副主任　康宝林　裴　峰

委　员　巩天奎　樊怀林　孙俊德　吕东来　张兴民

　　　　武济顺　孙德武　张　明　张建新　陶英俊

　　　　张志强　贺　雄　马　骏　高春宝　刘　健

　　　　程　升　王与蜀　夏双秀　马根全　吴　洪

　　　　李晋萍　布建中　薄润香　张万生

总主编　张　明

总审稿　吴　洪　薄润香

本 册 编 审 人 员

主　编　张俊萍

编　者　张俊萍　曲俊明

审　稿　苗如意

出 版 说 明

发展现代农业，已成为农业增效、农村发展和农民增收的关键。提高广大农民的整体素质，培养造就新一代有文化、懂技术、会经营的新型职业农民刻不容缓。没有新农民，就没有新农村；没有农民素质的现代化，就没有农业和农村的现代化。因此，编写一套融合现代农业技术和社会主义新农村建设的新型职业农民示范培训教材迫在眉睫，意义重大。

为配合《农业部办公厅　财政部办公厅关于做好新型职业农民培育工作的通知》，按照"科教兴农、人才强农、新型职业农民固农"的战略要求，以造就高素质新型农业经营主体为目标，以服务现代农业产业发展和促进农业从业者职业化为导向，着力培养一大批有文化、懂技术、会经营的新型职业农民，为农业现代化提供强有力的人才保障和智力支撑，中国农业出版社组织了一批一线专家、教授和科技工作者编写了"新型职业农民示范培训教材"丛书，作为广大新型职业农民的示范培训教材，为农民朋友提供科学、先进、实用、简易的致富新技术。

本系列教材共有 29 个分册，分两个体系，即现代农业技术体系和社会主义新农村建设体系。在编写中充分体现现代教育培训"五个对接"的理念，主要采用"单元归类、项目引领、任务驱动"的结构模式，设定"学习目标、知识准备、任务实施、能力转化"等环节，由浅入深，循序渐进，直观易懂，科学实用，可操作性强。

我们相信，本系列培训教材的出版发行，能为新型职业农民培养及现代农业技术的推广与应用积累一些可供借鉴的经验。

因编写时间仓促，不足或错漏在所难免，恳请读者批评指正，以资修订，我们将不胜感激。

2017-06-20

目　　录

导　言

随着蔬菜产业及设施园艺的迅猛发展，我国蔬菜基本上可以实现周年生产、均衡供应。近年来由于人们生活水平的不断提高，大白菜、菜豆、黄瓜、番茄、辣椒等常见蔬菜种类已经满足不了消费者对蔬菜的需求，蔬菜消费开始由数量型向质量型、保健型转变，消费品种也由大宗品种向精细品种转变。稀特蔬菜迎合了蔬菜消费的潮流，成为一种消费时尚。

一、稀特蔬菜的特点

稀特蔬菜是相对于大宗蔬菜而言的。稀特蔬菜是一类蔬菜的统称。如较新引进的国外蔬菜、国内稀有的地方乡土蔬菜、新型芽苗类蔬菜、天然采集和人工栽培的山野菜等。其特点表现在：

1. 外形别致、风味独特　大宗蔬菜由于日日食用，已无新鲜感。而稀特蔬菜多数具有新奇的外形，独特的风味，鲜艳的色泽。

2. 营养丰富　稀特蔬菜的营养成分丰富而有特色，含有大量的蛋白质、淀粉、脂肪、维生素、矿物质。

3. 药用保健　多种稀特蔬菜是由药用植物转化来的，具有较高的食疗价值。

4. 栽培技术简便　很多由野生植物转入稀特蔬菜行列中的蔬菜，如荠菜、苋菜、苦菜等，在人工栽培条件下很易满足其生长发育需求，且产量倍增，质量更优。

5. 以供特需，出口换汇　有些稀特蔬菜，如芦笋、青花菜、牛蒡等，在我国开始栽培后，产量高、品质好、价格低，占领了较大的国际市场，成为我国出口创汇的重要蔬菜，种植经济效益很高。

二、发展稀特蔬菜的建议

1. 以市场为导向、以销定产　菜农在种植前，首先要进行市场调研，了解稀特蔬菜的市场需求量及消费者的认知程度。从少量试种开始，逐渐增加种植面积，避免不必要的损失。

2. 适地生产 稀特蔬菜的流向主要是大中城市，大型农业园区凭借其规模、技术、营销等发展稀特蔬菜的优势明显，在大中城市的近郊区发展稀特蔬菜也有一定的地理优势。

3. 多品种、小批量种植 消费者是在尝鲜的心态下开始认识并购买稀特蔬菜的，这一消费特点决定了稀特蔬菜的需求量较小，所以以多品种、小批量生产发展稀特蔬菜既可满足消费者的不同需求，扩展销售渠道，也可相互补充，保证种植者的经济效益。

4. 均衡供应 稀特蔬菜的消费是经常性的，可以通过分期播种、分期收获周年生产，来满足市场供应。

5. 加强宣传，引导消费 对产品进行挑选、分级、精细包装，净菜上市。利用包装，加强宣传，通过在产品包装上标明其营养成分、烹调方法及药用保健价值，使消费者了解稀特蔬菜的品质，刺激人们的购买欲望。

6. 建立贮藏、保鲜、加工链 稀特蔬菜组织柔嫩，容易失鲜，收获期集中，由于消费的经常性，需要通过贮藏、保鲜、加工技术来解决消费与供应的矛盾。短期的贮藏保鲜，及时的加工，既能调节稀特蔬菜的市场供应，又能减少浪费、损耗，提高经济效益。

项 目 一

蔬 菜 育 苗 技 术

■ 学习目标

知识：1. 了解蔬菜育苗的方式及嫁接育苗、穴盘育苗的优势。

2. 了解育苗土的种类、性质及配制育苗土的原料要求。

3. 了解蔬菜育苗的播种方式。

技能：1. 学会根据蔬菜种类配制相应的育苗土。

2. 学会育苗土的消毒方法。

3. 学会播种前种子的处理方法，如浸种、催芽、消毒等。

4. 掌握苗床育苗的方法。

5. 掌握穴盘育苗的方法。

6. 掌握嫁接育苗的方法。

■ 基 础 知 识

育苗是蔬菜生产的重要环节之一，是蔬菜生产中普遍采用的方法。通过育苗可实现提早成熟，提早上市，增加早期产量，提高经济效益的目的；可以节省用种量，降低生产成本；有利于防止不良环境对幼苗的威胁；有利于提高幼苗的素质，提高幼苗的抗病能力，保证蔬菜的稳产、高产。因为幼苗的质量将直接影响蔬菜生产的效果，所以培育壮苗是蔬菜生产获得高产、高效的技术措施之一。

一、育苗方式

蔬菜育苗的方式多种多样（表 1-1），各有特点，在育苗中往往多种方式兼用，相互配合，以达到最佳的育苗效果。

表 1-1　蔬菜的育苗方式

分类依据	育苗方式
育苗场所	设施育苗：温室育苗、温床育苗、阳畦育苗、塑料薄膜拱棚育苗、遮阳网育苗、人工降温育苗
	露地育苗
育苗基质	床土育苗、无土育苗、无土-床土综合育苗
保护幼苗根系所采用的措施	容器（纸钵、塑料钵、草钵）育苗、营养土块育苗、穴盘育苗
育苗所用的繁殖材料	种子育苗、扦插育苗、嫁接育苗、组织培养育苗
生产能力	家庭式常规育苗、规模化育苗、工厂化育苗

1. 设施育苗　设施育苗有温室育苗、温床育苗、塑料薄膜拱棚育苗等增温育苗及遮阳网育苗、人工降温育苗等降温育苗。增温育苗主要用于喜温性蔬菜的早熟生产用苗（包括越冬育苗），而降温育苗则主要用于夏种秋收和秋种冬收的蔬菜生产用苗。露地育苗多在适宜季节进行，操作简便，技术易掌握。

图 1-1　床土育苗

2. 床土育苗和无土育苗　床土育苗（图 1-1，彩图 1）是普遍采用的传统育苗方法，适合小规模、就地育苗。

无土育苗是用育苗基质与人工配制的营养液来代替床土进行育苗的方法。无土育苗可以减轻土传病害发生，有利于实现育苗的标准化。

3. 保护根系的措施　利用营养土块、纸筒（图 1-2，彩图 2）、塑料钵（图 1-3，彩图 3）、穴盘（图 1-4，彩图 4）等育苗，可以保证移栽时不伤根或少伤根。如瓜类、豆类蔬菜的根系容易木栓化，断根后很难恢复，育苗时需要采用护根措施。

图 1-2　育苗用纸筒

图 1-3　育苗用塑料钵

图 1-4　育苗用穴盘

二、床土的配制

床土也称育苗土、营养土，是育苗专用土壤。床土的质量直接关系到秧苗的质量。优质床土应肥沃，疏松通气，具有良好的保水、保肥性能，吸热力强，土温升高快，浇水时不板结、干时不裂；pH6.5～7.0；无病菌、虫卵。但即使高度熟化的老菜田土，都不能完全满足以上要求，因此为培育壮苗，需要人工配制床土。

1. 配制床土的原料　配制床土需要的原料主要有田土、腐熟的有机肥、疏松物质、速效化肥等。

（1）田土。育苗最好取用肥沃的大田土而不用菜园土，避免重茬或将病原菌、虫卵等带入苗床。

（2）腐熟的有机肥。适合育苗用的有机肥主要是质地较为疏松、速效氮含量低的粪肥，如马粪、猪粪等。鸡粪、兔粪、鸽粪等粪肥速效氮的含量高，容易引起幼苗徒长，施肥不当时容易发生肥害，应慎重使用。有机肥必须充分腐熟并捣碎后才能用于育苗。

（3）疏松物质。育苗常用的疏松物质有细沙、细炉渣、珍珠岩、蛭石、草炭等。其主要作用是调节育苗土的疏松度，增加育苗土的空隙，有利于提高冬春季苗床的温度。

（4）速效化肥。育苗生产中常用的速效化肥有复合肥、磷肥、钾肥。配制育苗土时速效化肥用量很小，主要是弥补有机肥中速效养分含量低的不足。

2. 床土的种类　根据用途的不同，床土可分为播种床土和分苗床土。由于其用于不同的育苗阶段，要求的特性不同，配比也不同（表1-2）。

表 1-2　不同床土的特性要求

种类	特性要求	配制体积比
播种床土	疏松透气的程度要求高，以有利于幼苗出土，分苗时起苗不伤根，肥沃程度要求不高	例如：田土 3 份，细炉渣 3 份，腐熟的有机肥 4 份
分苗床土	要求有充足的养分以利于幼苗的生长，并具有一定的黏性，定植取苗时不散坨	例如：田土 7 份，腐熟的有机肥 3 份，每立方米加速效化肥 0.5～1.0kg

3. 床土的消毒方法　为防止由于床土携带病菌、虫卵而导致的苗期病虫害，床土使用前可用以下方法进行消毒处理。

（1）福尔马林熏蒸消毒。每立方米床土用 40% 福尔马林 200～300mL，适量加水，结合混拌床土喷洒到土中，拌匀后堆起来，盖塑料薄膜密闭 2～3d，然后揭开塑料薄膜，1～2 周后待土中药味完全散去时再填床使用。

（2）混拌农药。结合混拌床土，掺入要求用量的多菌灵或甲基托布津等杀菌剂及辛硫磷或敌百虫等杀虫剂以杀灭病菌、虫卵。

（3）药土消毒。将药剂与要求用量的床土充分混匀成药土，播种时用 2/3 的药土铺底，1/3 的药土覆盖，使种子四周都有药土，以起到控制病害的目的。

（4）药液消毒。将代森锌、多菌灵等杀菌剂配制成一定浓度的药液喷浇苗床，也可起到杀灭病菌的作用。

三、种子播种前处理

种子播前处理的目的主要是促进种子迅速整齐地出芽，消灭种子表面附着的病菌，主要包括以下方法：

（一）浸种

浸种是人为地使种子在短时间内达到萌芽所需的基本水量要求的措施。根据浸种的水温以及时间的不同，通常分为一般浸种、温汤浸种和热水烫种三种方法。

1. 一般浸种　用室温（20～25℃）条件下的水浸泡种子。此法适用于种皮薄、吸水快的种子，但无杀菌的作用。一般浸种时，可以在水中加入一定量的激素或微量元素，进行激素浸种或微肥浸种，有促进发芽、提早成熟、增加产量等效果。

2. 温汤浸种　先用温水浸湿种子，再用 55～60℃ 的水浸泡种子，同时要不断搅拌，并随时补充热水，保持 55～60℃ 的水温 10～15min，之后使水温逐渐下降到室温转入一般浸种。由于 55℃ 是大多数病菌的致死温度，10min 是致死温度下的致死时间，因此，温汤浸种对种子具有灭菌作用。

3. 热水烫种　一般用于种皮厚、吸水困难的种子，如西瓜、冬瓜、丝瓜、苦瓜、茄子等。方法是将充分干燥的种子投入 75～80℃ 的热水中，快速烫种 3～5s，为了避免烫伤种子可以使用 2 个容器来回倾倒以降低水温，直到水温降至 30℃ 左右，转入一般浸种。热水烫种的优点是杀菌效果好，同时能促进种子吸水，使浸种时间比温汤浸种的时间缩短一半。但热水烫种对于种皮薄的种子要慎重，如果掌握不好容易烫伤或烫死种子。

注意事项：浸种时间超过 8h 要换一次水，以保持水质清新；浸种水量以种子量的 3～5 倍为宜；浸种时间要适宜。主要蔬菜的适宜浸种时间见表 1-3；有些种子浸种前要进行机械处理以利于吸水，如种皮厚而坚硬的种子如西瓜、苦瓜等可先将种壳打破，芹菜、芫荽的种子需要用硬物搓擦。

（二）催芽

催芽是将浸种后吸水膨胀的种子放在适宜的温度条件下，促使种子迅速整齐萌发的措施。方法是先将浸好的种子除去多余的水分，平摊在铺有一两层潮湿洁净布的种盘上，种子的厚度在 2cm 左右，上面盖一层潮湿布，然后将种盘置于适宜的温度条件下使其迅速发芽。在催芽期间，每天应用清水淘洗种子 1～2 次，以除去黏液，补充水分。当 75％ 的种子露白时可进行播种。若遇恶劣天气不能及时播种时，应将种子放在 5～10℃ 低温下，保湿待播。主要蔬菜的催芽适温见表 1-3。

表 1-3　主要蔬菜的浸种时间与催芽适温

种类	浸种时间（h）	催芽适温（℃）	种类	浸种时间（h）	催芽适温（℃）
茄子	8～12	28～30	西瓜	8～12	25～30
辣椒	8～12	25～30	丝瓜	8～12	25～30
番茄（西红柿）	8～12	25～28	冬瓜	8～12	28～30
黄瓜	8～12	25～30	苦瓜	24	30～35
南瓜、西葫芦	8～12	25～30	芹菜	24	20～22
甜瓜	8～12	30～35	胡萝卜	24	20～25
甘蓝	4～5	18～20	菠菜	24	15～20
大白菜	4～5	15～25	莴苣	7～8	15～20
花椰菜	4～5	18～20	萝卜	4～5	18～20
菜豆	1～2	20～25	豇豆	1～2	25～30

（三）种子消毒处理

1. 热力杀菌　使用温汤浸种或热水烫种，能杀死附着在种子表面和潜伏在种子内部的病菌。

2. 药剂拌种　一般用药量为种子质量的 0.2％～0.3％。方法是把干种子与药粉混合后，装入罐子内，充分摇动 5min 以上，让药粉均匀粘在种子上。常用的杀菌剂有 70％敌克松、50％福美双、多菌灵、克菌丹、五氯硝基苯等；常用的杀虫剂有 90％的敌百虫粉剂等。拌过药粉的种子不宜再浸种、催芽，应直接播种。

3. 药剂浸种　用一定浓度的药剂浸泡种子进行消毒。使用时药液浓度、浸种的时间应严格掌握，浸种后须用清水将种子上残留的药液清洗干净，然后再催芽或播种。常用的药剂有多菌灵、福尔马林（40％甲醛水溶液）、高锰酸钾、磷酸三钠等。

四、播种

（一）播种方式

1. 根据播种的形式不同分类　根据播种的形式可分为撒播、条播和点播。

（1）撒播。撒播是将种子均匀地撒播到畦面上。常用于生长迅速、植株矮小的绿叶菜类蔬菜及苗床播种。其优点是省工、省时，不足是用种量大、间苗费工，若覆土厚度不均匀会导致出苗不整齐。

（2）条播。条播是将种子均匀地撒在挖好的播种沟内。常用于单株占地面积较小而生长期较长的蔬菜，如菠菜、芹菜、胡萝卜、洋葱、萝卜等。其优点是适于机械播种及中耕、培土等管理，同时用种量也较少。

（3）点播（穴播）。点播是将种子播在规定的穴内。常用于营养面积大、生长期较长的蔬菜，如豆类、茄果类、瓜类等蔬菜。其优点是用种最省，也便于机械化耕作管理，但播种费工费事，也存在穴间的播种深度不均而引起的出苗不整齐现象。

2. 根据播种前是否浇水分类　根据播前是否浇水可分为干播和湿播。

（1）干播。干播指播前不浇底水，将干种子播于墒情适宜的土壤中。生产上通常是趁雨后墒情适宜，能满足发芽需要时播种。干播后要适当镇压。如果土壤墒情不是很足，或播后天气炎热干旱，播后需要连续浇水，始终保持地面湿润直到出苗。

（2）湿播。湿播指播前先浇底水，待水渗下后播种。主要用于干旱季节及浸种或催芽的种子。

（二）播种深度（覆土厚度）

播种深度即覆土厚度主要根据种子大小、土壤质地、土壤温度、土壤湿度及气候条件等因素来确定。小粒种子贮藏营养物质少，发芽后出土能力弱，宜浅播，一般覆土 0.5～1.0cm；大粒种子贮藏营养物质多，发芽时的顶土能力强，可深播，覆土 2.0～3.0cm；中粒种子覆土 1.0～1.5cm。疏松的土壤透气性好，土温也较高，但易干燥，宜深播；黏重的土壤、地下水位高的地方宜浅播。高温干燥时，播种宜深；天气阴湿时宜浅。此外，也要考虑种子的发芽性质，如菜豆种子发芽时子叶出土，为避免腐烂，则宜较其他同样大小的种子浅播；瓜类种子发芽时种皮不易脱落，常会妨碍子叶的开展和幼苗的生长，播种时将种子平放并保持一定的深度；芹菜、生菜等蔬菜的种子喜光，宜浅播。

■ 任务实施

一、苗床育苗

步骤 1　确定育苗场地

根据育苗季节、蔬菜种类选择育苗的场地，配套相应的育苗设施，是培育壮苗的基础。

在冬季（12 月中旬至翌年 2 月中旬）培育喜温蔬菜如黄瓜、西葫芦、甜瓜、茄子、辣椒、番茄等的幼苗时，宜选加温温室、电热温床等；培育喜冷凉蔬菜如甘蓝、生菜等的幼苗时，可选塑料拱棚、阳畦、日光温室等。

在早春（2 月中旬至 3 月）或秋冬（9 月至 12 月上旬）季节培育喜温蔬菜的幼苗可以选用不加温的设施如塑料拱棚、阳畦、日光温室等。

在炎夏或初秋一般采用露地育苗，要准备遮阳网、荫棚、防雨棚等设施，做好遮阳、降温、防雨的工作。

步骤 2　播前准备

在播种前要事先做好以下工作：

1. 确定播种量及苗床面积　为了保证有足够的幼苗，必须明确育苗时的用种量。在播种前应根据蔬菜的种植面积、每 667m² 菜地的用苗数（种植密度）正确计算每 667m² 菜地实际的播种量及所需苗床的面积。

（1）每 667m² 菜地实际播种量的计算公式为：

$$播种量（g）= \frac{每 667m² 定植苗数（定植密度）}{每克种子粒数×种子使用价值}×安全系数（1.5～2.0）$$

$$种子使用价值 = 纯度×发芽率$$

（2）播种床面积的计算公式为：

$$播种床的面积（m²）= 每 667m² 菜地的实际播种量（g）×每克种子粒数×$$
$$每粒种子所占面积（cm²）/10000$$

中粒、小粒种子（如辣椒、茄子、西兰花、芹菜等的种子）通常采用撒播方法，按每平方厘米苗床分布 3～4 粒有效种子计算；大粒种子（如芦笋、西葫芦、荷兰豆等）通常采用点播方法，按每粒有效种子占苗床面积 4～5cm² 计算。

（3）分苗床面积的计算公式为：

分苗床的面积（m²）＝分苗株数×单株营养面积（cm²）/10000

叶菜类的幼苗按单株 8cm×8cm 分苗，茄子、辣椒、西兰花幼苗按 10cm×10cm 分苗。

苗床播种面积的灵活性很大，在公式计算的基础上应根据蔬菜种类、种子发芽率、在苗床上生长时间的长短、出苗环境、育苗技术等因素做相应的调整。

2. 配制床土　按照下面的配比将所有原料拍碎、过筛，然后充分混匀，在混匀的同时掺入杀菌剂（多菌灵、甲基托布津等）和杀虫剂（敌百虫等）。

（1）播种床土配方。大田土 5～6 份，腐熟有机肥 4～5 份。土质偏黏时，应掺入适量的细沙或炉渣。每立方米加入速效肥 0.5～1.0kg。

（2）分苗床土配方。大田土 6～7 份，腐熟有机肥 3～4 份。每立方米加入速效肥 1.5～2.0kg。

3. 做苗床　选光照充足、排浇水方便的地块，清除杂草，深翻 20cm，然后平整做成宽 1.0～1.5m 的畦为苗床，苗床以南北向为宜。然后装入配制好的育苗土，一般播种床育苗土的厚度为 8～10cm，每平方米苗床大约需要 100kg。分苗床或一次播种成苗的苗床，育苗土的厚度要在 12cm，每平方米苗床大约需要 120kg 育苗土。

4. 种子处理　种子上携带多种病原菌，可传播多种病害，播前种子可以因地制宜地采用温汤浸种、药剂浸种、药剂拌种等方法进行种子消毒。

种子消毒之后通过浸种催芽，可以缩短出苗时间，提高出苗率及出苗的整齐度（药剂拌种后的种子不能进行浸种、催芽）。但如果播种时苗床温度较低，要干籽播种，不能浸种，否则容易烂种。

包衣种子一般干籽播种，不需要种子处理。

步骤 3　播种

1. 播种时间　冬春季（低温期）育苗选晴暖天气的上午播种，夏秋季（高温期）育苗在傍晚播种。

2. 播种方法　播前浇足底水，湿透育苗土 7～10cm。如果采用混拌农药消毒的苗床更要多浇水，避免发生药害。

水渗下后，在床面薄薄撒盖一层过筛的细土，既可借此将床面凹处找平，也可以防止播种后种子直接沾到湿润的畦土上而发生糊种。

小粒种子用撒播法，大粒种子一般采用点播。催芽的种子表面潮湿，不易撒开，可用细沙或草木灰拌匀后再撒。

播后即刻用过筛的细土覆盖。

冬春季低温期育苗，覆土后要用薄膜平盖畦面；夏秋季育苗需要降温时要盖遮阳网。

步骤4 苗床管理

苗床管理的任务是创造适宜幼苗生长发育的环境条件，并通过控制各种条件协调幼苗的生长发育。

1. 播种到幼苗出土直立阶段 播种后种子能迅速整齐地出苗，关键是维持适宜的土温。喜温蔬菜应保持25～30℃，叶菜类蔬菜维持在20℃左右。冬春季可以通过铺设电热线、加盖小拱棚来提高温度，必要时夜间可覆盖草苫保温。夏秋季喜冷凉蔬菜育苗可利用勤浇水、加盖遮阳网、搭荫棚等方式来保证出苗所需温度、湿度。喜温蔬菜育苗，电热温床的土温白天应控制在24～25℃，夜间控制在18～20℃。日光节能温室内可采用电热温床加盖小拱棚的方式，既能提高温度又可节约电耗。喜冷凉蔬菜育苗，电热温床的土温应控制在20～22℃。

当70％以上幼苗拱土时应撤除薄膜。当发现土面裂缝及幼苗出土"戴帽"（图1-5，彩图5）情况时，可撒盖湿润细土，填补土缝，增加土表湿度及压力，以有助于幼苗子叶脱壳。

2. 幼苗出土直立到第一片真叶显露阶段 这个阶段幼苗最容易徒长，适当降低夜温是控制徒长的有效措施。出苗后的苗床温度，喜温蔬菜白天保持在22～25℃，夜间降至12～15℃；喜冷凉蔬菜白天在20℃左右，夜间降至9～10℃。电热温床要严格控制加温时间，白天温度高时及时放风，避免高温危害。冬春季要注意夜间防寒，防止冷害。

图1-5 "戴帽"苗

冬春季育苗时该阶段一般不能浇水，防止温度下降。湿度较大、温度过低、光照不足容易引起苗期病害，特别是苗期猝倒病的发生。

给予充足的光照，有利于幼苗的生长。

3. 第一片真叶显露至第二、三片真叶展开，是小苗生长阶段 此阶段幼苗的徒长趋于平缓，管理原则是创造适宜幼苗生长的温度、湿度、光照条件。

（1）苗床温度的调节。喜温蔬菜白天温度保持在25～28℃，夜间为13～

15℃；喜冷凉蔬菜白天温度保持在 18～22℃，夜间为 8～12℃。随着外界气温的变化调节放风量及放风时间。

（2）苗床水分的调节。冬春季育苗，如果床土较干，选择晴天一次喷透水，然后保墒，忌小水勤浇。床土潮湿时可不必浇水，向床面撒一层细的潮土保墒。

（3）光照调节。经常清洁塑料薄膜，增加苗床光照；早揭晚盖草苫或棉被，延长光照时间。

夏秋季育苗的苗床，应勤喷水降温，及时除草、喷药防治病虫草害。

4. 分苗　分苗是改善幼苗光照及营养状况的有效措施。一般只进行 1 次。不耐移植的蔬菜如瓜类，在子叶期分苗；茄果类蔬菜第一片真叶露心时是分苗最佳时期，气温太低时可稍晚些，否则影响缓苗，一般在花芽分化开始前进行。分苗后的株距应为 6cm 见方或 8cm 见方，或使用 6～8cm 直径的塑料钵。

分苗宜选择在晴天进行。

分苗前 3～5d 应控制浇水，通风降温，锻炼幼苗。分苗前一天苗床浇透水，利于起苗，减少伤根。

冬早春气温低时，应采用暗水法分苗，即先按行距开沟，然后边浇水边按株距摆苗，水渗下后覆土封沟。夏秋高温期应采用明水法分苗，即先栽苗，全床栽完后漫灌。

5. 分苗后缓苗期　冬春季分苗后喜温蔬菜地温应不低于 18℃，白天温度为 25～28℃，夜间不低于 15℃；喜冷凉蔬菜地温应不低于 13℃，白天温度为 20～22℃，夜间应不低于 10℃。可以采用加温温室或电热温床，日光节能温室加盖小拱棚、夜间覆盖草苫或棉被来提高缓苗期的温度。

幼苗在白天日晒后发生萎蔫时，应适当覆盖遮阳，午后揭开，直到不再萎蔫为止。

6. 分苗缓苗后，是幼苗旺盛生长阶段　幼苗成活后，苗床表土干燥要浇缓苗水，促进生长。以后随着幼苗的生长，对水分的需求量加大，土壤见干要及时浇水，浇水的原则是一次浇透，切忌小水勤浇。

通过白天放风和夜间覆盖保温来调节苗床的温度。喜温蔬菜白天温度维持在 25～30℃，夜温控制在 13～15℃，地温在 20℃左右；喜冷凉蔬菜白天温度为 20～22℃，夜间为 10～12℃，地温为 8～10℃。

控制幼苗徒长的措施是控制夜温，而不能控水，这样也有利于果菜类蔬菜的花芽分化。如果通过控水来抑制徒长，容易育成老化苗。

对于光照，依然是要经常清洁塑料薄膜，增加苗床光照；早揭晚盖草苫或棉被，延长光照时间。

如果出现缺肥现象，应及时追肥。追肥以施叶面肥为主，可用 0.5％尿素或 0.5％磷酸二氢钾或两者各半等进行叶面喷肥。

夏秋季育苗此阶段要做好防雨、防苗床积水的工作,同时喷药防治病虫害。

7. 定植前的锻炼　冬早春季育苗,通过定植前的锻炼提高幼苗的抗逆性,特别是对喜温蔬菜这个措施更加必要。锻炼的措施主要是控水降温。定植前7～10d,应逐渐加大设施的通风量,降低温度和湿度,停止浇水,尤其是要降低夜温,加大昼夜温差,但要预防夜间霜害。喜温蔬菜白天温度降到15～20℃,夜间为5～10℃;喜冷凉蔬菜白天温度保持在10～15℃,夜间为1～5℃。

步骤5　病虫害防治

1. 猝倒病　猝倒病属真菌病害,幼苗出土前即可受害,造成种子、胚芽或子叶腐烂,受害幼苗出土后,在近地面幼茎基部呈水渍状黄褐色病斑,绕茎扩展,似水烫状,而后病茎缢缩成线状（图 1-6）,幼苗即倒地(图 1-7,彩图 6)。空气潮湿时,病苗或土壤表面可出现白色絮状霉层。

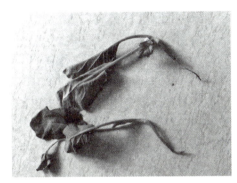

图 1-6　甘蓝苗猝倒病症状

发生原因:一般秋季夜晚凉爽,白天光照不足,苗床湿度大或早春土温偏低,相对湿度大,通风不良或苗床浇水过多,土温 15℃以下,阴雨天气多,播种过密,间苗移苗不及时,施用带菌肥料,长期使用同一苗床土壤等都会诱发加重该病的发生。

图 1-7　甘蓝猝倒病的田间表现

防治方法:

①床土处理。用 50％多菌灵和福美双按 1∶1 混合,每平方米用药 8～10g或 32％多·福可湿性粉剂 10g 加细土 10～15kg 配成药土,播种时将 2/3 的药

土撒于畦面，再用1/3的药土盖种。

②种子处理。可用50％福美双300倍液或50％多菌灵800倍液或25％甲霜灵或65％代森锌1 500倍液与种子按1：3的比例混配浸种。

③苗期喷0.2％磷酸二氢钾或0.1％氯化钙等提高抗病力。

④化学防治。发现病苗及时拔出并喷药防治。常用药剂有甲霜灵·锰锌或噁霜灵·锰锌500倍液或霜霉威盐酸盐或噻菌铜600倍液或噁霉甲霜灵水剂300倍液喷洒，5～7d喷一次，连喷2～3次。

2. 立枯病　立枯病属真菌病害，幼苗出苗后即可受害，尤以中后期为重，病苗基部变褐色，后病部收缩细缢，茎叶萎垂枯死。稍大病苗发病初期白天萎蔫，夜间恢复，当病斑绕茎一周时，叶片萎蔫不能复原，直至直立枯死。病斑初呈椭圆形暗褐色，具有同心轮纹及淡褐色蛛丝状霉，后期形成菌核，这是与猝倒病区别的又一重要特征（图1-8）。

图1-8　立枯病初期田间表现
（引自中国农资网）

发生原因：播种过密，间苗或分苗不及时，造成幼苗徒长，温度过高，通风不良，土壤水分忽高忽低易诱发此病。主要从幼苗根部、幼茎和伤口侵染发病。

防治方法：

①床土处理，参照猝倒病防治。

②种子处理。用种子质量0.3％的40％拌种双或50％福美双拌种。

③加强苗床管理，提高地温，及时通风，防止高温、高湿。

④苗期喷0.2％磷酸二氢钾或植宝素7 500～9 000倍液。

⑤药剂防治。发病初期喷淋20％甲基立枯磷1 200倍液或50％根病克600倍液或敌磺钠或噁霉灵1 000倍液。猝倒病与立枯病混发时，可用福美双800倍液和霜霉威盐酸盐600倍液喷淋，一般7d一次，连喷2次。

3. 沤根　沤根是低温高湿引起的生理性病害，表现为幼苗不发新根，根表面初呈锈褐色而后腐烂，导致地上部叶片变黄，严重时萎蔫枯死。

发生原因：地温长时间处于15℃以下，浇水过量或遇连阴雨天气，苗床湿度和地温过低。幼苗发生沤根后，生长点停止生长，老叶边缘变褐而干枯死亡。

防治方法：

①合理选地，雨后及时排水。

②控制地温不宜低于 12℃，应在 16℃左右。

③发现轻微沤根要及时松土，提高地温，促进新根生长，必要时喷生根剂或油菜素内酯等植物生长调节剂。

二、穴盘育苗

穴盘育苗是一种采用轻型基质材料代替土壤培育蔬菜秧苗的方法。具体来说，就是用草炭土、蛭石、珍珠岩等轻质无土材料作基质，以不同孔穴的专用穴盘为容器，通过精量的一穴一粒播种、覆盖、镇压、浇水等一次成苗的现代化育苗技术（图1-9，彩图7）。其特点是：集中育苗，省工、省力；基质疏松保水，成苗快，比常规育苗时间缩短10～20d，而且幼苗根坨不易散，根系完整，定植不伤根，缓苗快，成活率高；设施设备可简可繁，具有日光温室以上水平的设施条件都可以进行；适合远距离运输，有利于幼苗规模化、批量生产。

图1-9　穴盘育苗

步骤1　育苗场地及设备的准备

1. 育苗场地准备　根据季节、气候条件的不同，选用适宜的育苗场地。冬春育苗可选用现代化温室或现有的日光节能温室。夏秋和秋冬育苗采用"一膜一网"或"一膜二网"覆盖，起防风、防雨、防虫和降温作用。

2. 配套的设备　温室内配置喷水系统和放穴盘的苗床。喷水系统可以安装行走式或固定式自动喷水设备，也可利用软管或喷壶浇水，但要安装细孔喷头。苗床用铁架做成，也可直接在地面上覆盖一层旧薄膜或地膜，上面摆放穴盘。

步骤2　选择穴盘

可以选用应用广泛的黑色塑料穴盘。其规格为 54.9cm×27.9cm、高3.5～5.5cm，穴孔深度视孔大小而异。穴孔数量有 50 穴、72 穴、128 穴、200 穴、288 穴、392 穴等几种规格（图1-10，彩图8）。穴孔体积大的装基质多，其水分、养分蓄积量大，水分调节能力强，通透性好，有利于幼苗根系发育，但同时其育苗数量少，而且成本会增加。

适宜的穴盘规格，有利于使植株达到最佳的生长状态。穴盘过大，肥水不容易控制，容易形成徒长苗或老化苗；穴盘过小，植株的根系伸展不开，影响长势。

利用穴盘育苗由于受营养面积的限制，以培育中小苗为目标，不适宜培育大龄苗，因此育苗前应根据蔬菜种类、成苗大小选择穴盘的规格（表1-4），一般成苗大用穴数少的穴盘，成苗小用穴数多的穴盘，

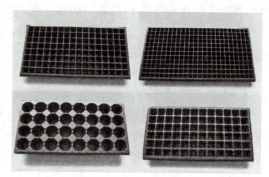

图1-10　不同规格的穴盘

如生菜育3～4叶苗用288孔穴盘，育4～5叶苗用128孔穴盘。

表1-4　主要蔬菜的苗龄和穴盘规格

蔬菜种类	苗龄（d）	成苗标准（叶片数）	穴盘类型（孔）
番茄	40～50	5～6	72
黄瓜（普通苗）	30～35	3～4	72
黄瓜（嫁接苗）	25～30	3～4	接穗128 砧木50或128
辣椒	50～55	7～8	128
结球甘蓝	25～30	4～6	72
茄子	50～55	6～7	50
西瓜（普通苗）	20～30	3～4	50
西瓜（嫁接苗）	30～35	3～4	接穗128 砧木50
西芹	50～55	5～6	128
生菜	35～40	4～6	128
生菜	25～30	3～4	288
青花菜	25～30	4～6	72

注：表中数据供菜农朋友参考。

步骤3　穴盘的清洗、消毒

新购置的穴盘，用洁净的自来水冲洗数遍、晾干即可使用。

重复使用的穴盘，要彻底清洗并消毒，先清除穴盘中残留的基质，用清水冲刷干净，然后用多菌灵500倍液浸泡12h或高锰酸钾1 000倍液浸泡30min或使用稀释100倍的漂白粉溶液浸泡8h等消毒，洗去残留的药液，晾干后使用。

步骤4　基质配制、消毒

目前穴盘育苗主要采用的基质为草炭土、蛭石、珍珠岩等，对育苗基质的基本要求是无菌、无虫卵、无杂质，有良好的保水性和透气性。

1. 基质的配制　应用最多的配比是草炭土：蛭石：珍珠岩为 2：1：1，也可以是草炭土：蛭石为 2：1 或 3：1。在 $1m^3$ 的基质中再加入膨化腐熟鸡粪 10kg、磷酸二铵 1kg、磷酸二氢钾 0.5kg、过磷酸钙 5kg 或加入氮磷钾（15：15：15）三元复合肥 2.6～3.1kg。按照比例将草炭土、蛭石、珍珠岩、有机肥、化肥混匀。蛭石和珍珠岩比较轻，干燥时易飞扬，可先加入少量水掺和后再配制基质。

2. 基质的消毒　基质使用前要进行消毒。将 40% 甲醛或 70% 的甲基托布津或 50% 的多菌灵（但对防治害虫效果较差），按使用说明配制成溶液均匀喷洒基质，用塑料薄膜覆盖，堆积密闭 24h 以上，打开薄膜，风干 2 周左右使用。由于近两年苗期病害较多，不提倡重复使用基质。

步骤5　装盘

将基质喷水、拌匀，调节含水量，当用手紧握基质可成形但不形成水滴时，堆置 2～3h，使基质充分吸足水。然后将预湿好的基质装到穴盘中，应尽量保持原有物理性状，不需要用力压实，用刮板从穴盘一方刮向另一方，使每穴中都装满基质，不能装得太满，装盘后各个格室能清晰可见即可（图1-11，彩图9）。

图 1-11　人工装盘

步骤6　压盘

将装满基质的穴盘 4 个一摞，垂直码在一起，上面放一个空穴盘，两手平放在空穴盘上轻轻下压到要求深度（图 1-12，彩图 10）。如果一盘一压，要用力均匀，保证播种深浅一致、出苗整齐。也可以用专用的压穴器压穴。

步骤7　播种

为了保证种子发芽的质量，一般要进行种子消毒、浸种催芽后播种，也可干籽直播。

将种子点在压好的穴中，每穴 1 粒，发芽率偏低的种子每穴 2 粒。注意多播几盘备用。

步骤8　覆盖

播种后将原基质或蛭石倒在穴盘上，用刮板从盘的一头刮到另一

图 1-12　压　盘

头，去掉多余的覆盖基质，使基质面与盘面相平为宜。

步骤 9　浇水、盖膜

将已播种的穴盘摆放在苗床上，及时给穴盘浇透水（图 1-13，彩图 11），喷洒要轻而均匀，忌大水浇灌，以免将种子冲出穴盘。然后在穴盘上覆盖地膜，利于保水、出苗整齐（图 1-14，彩图 12）。

图 1-13　浇　水

图 1-14　盖　膜

步骤 10　苗期管理

将环境温度调节至种子发芽要求的范围之内。当种子露头时，应及时揭去地膜。同时降温 3～5℃，相对湿度降到 80%，避免形成徒长苗，幼苗子叶展开的下胚轴长度以 0.5cm 较为理想。

子叶展平后要立即进行间苗补缺。

水分管理是育苗成败的关键，整个育苗期间宜保持穴盘不湿不干。浇水掌握干湿交替原则，即一次浇透，待基质转干时再浇第二次水。浇水一般选在正午前，下午 4 时以后，若幼苗无萎蔫现象则不必浇水，以降低夜间湿度，减缓茎节伸长。阴雨天光照不足且湿度高时不宜浇水；穴盘边缘苗易失水，必要时应进行人工补水。定植前要限制给水，以幼苗不发生萎蔫、不影响正常发育为宜。

光照管理上，尽可能增加光照度和光照时数，冬春育苗时小棚上的草帘要早揭晚盖，在阴雨天也应揭开，增加棚内光照。也可配以农用荧光灯、生物效应灯、弧光灯等补充光照。

在整个育苗过程中无需再施肥。

步骤 11　炼苗

定植前要适当降低温度、控制水分进行炼苗，以增强幼苗抗逆性，提高定植后成活率。

三、嫁接育苗

嫁接是将蔬菜的幼苗或带芽的茎段接到另一植物体的适当部位，使两者接合成一个新植物体的技术，其中蔬菜幼苗或带芽茎段称为接穗，提供根系的植株称为砧木。采用嫁接技术培育幼苗称为嫁接育苗（图1-15）。

图 1-15　嫁接苗

嫁接育苗的主要目的是利用砧木的抗病性有效防止土壤传播的病害如茄子黄萎病、瓜类枯萎病等。尤其是在设施蔬菜生产快速发展的现阶段，由于实行连作，使土传病害日益严重，嫁接育苗已成为普遍重视和采用的防病技术措施之一；嫁接苗还有发达的根系、旺盛的生长势，具有耐低温、耐贫瘠、耐旱、抗线虫等多方面的抗逆作用，在冬春设施栽培中可以提高蔬菜作物的耐寒能力和产量等。目前该项技术已经在茄子、番茄、黄瓜、西葫芦、西瓜、甜瓜等育苗中广泛应用。

步骤1　选择嫁接方法

在蔬菜生产中最常用的嫁接方法主要有插接法、靠接法和劈接法。插接法（图1-16，彩图13）是用竹签在砧木苗茎的顶端或上部插孔，再将切削好的蔬菜苗茎插入插孔内组成一株嫁接苗的嫁接方法。靠接法是将蔬菜苗与砧木的苗茎靠在一起，使两株苗通过苗茎上的切口互相咬合，而形成一株嫁接苗的嫁接方法。劈接法，也称切接法（图1-17，彩图14），是用刀片由苗茎的顶端纵向把苗茎劈一切口，再将削好的蔬菜苗穗插入并固定后形成嫁接苗的嫁接方法。

这三种嫁接方法各有特点（表1-5），可以根据蔬菜种类、生产条件进行

图 1-16　插接法

图 1-17　劈接法

选择，如黄瓜、苦瓜、丝瓜、西葫芦常采用靠接法或插接法；西瓜、甜瓜常采用插接法或劈接法；番茄、茄子常采用劈接法或靠接法。

表 1-5　不同嫁接方法比较

种类	优点	缺点	适用范围
插接法	嫁接接口高，定植时不易接触土壤，与地面隔离效果好，防病效果好；省去后期断根、去夹等工序	由于嫁接时切断了接穗根系，嫁接苗容易萎蔫，而且嫁接苗对温度、湿度要求高，成活率不宜保证	主要用于以防病为目的的嫁接，苗茎细硬的蔬菜不适宜采用此法
靠接法	操作方便，接穗和砧木自带根系，嫁接苗成活率比较高，嫁接苗管理容易	嫁接接口低，定植时容易接触土壤，防病效果较差；嫁接速度慢，后期需要断根、去夹，较费工时	适宜在发病较轻或较少的地块使用
劈接法	嫁接部位比较高，属于顶端嫁接，蔬菜苗穗离地较远，防病效果较好	对接穗的保护不如插接法	主要用于苗茎细硬蔬菜的防病嫁接

步骤 2　嫁接场地及工具的准备

1. 嫁接场地的准备　嫁接场地最好在温室或塑料大棚内，嫁接时要求较弱的光照，需要用草苫或遮阳网将地面遮成花荫；场所内适宜温度在 20～25℃，相对湿度不低于 80％。

2. 嫁接工具的准备　需要准备的嫁接工具有嫁接工作台、座凳、竹签、刀片、嫁接夹或塑料条、喷雾器、水桶、喷壶、湿毛巾等。

竹签一般宽 0.5～1.0cm、长 5～10cm、厚 0.4cm 左右，可以用竹片自行制作。选取一面带有竹皮的细竹片，先切成要求的片段，再将一端削成长 5～7mm 的平滑单斜面，前端要平直锐利、无毛刺，用于砧木苗茎插孔，另一端削成 4～8mm 的大斜面，用于去除砧木生长点（图 1-18）。

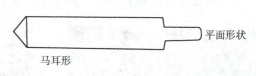

平面形状

马耳形

图 1-18　嫁接用竹签

刀片一般使用双面刀片，嫁接时刀片要用水洗干净，不要沾上土防止刀片带病菌感染嫁接苗，可以用多菌灵消毒。

嫁接夹用于固定嫁接苗的接口，目前多用塑料夹，在市场可以购买到。

步骤 3　接穗苗与砧木苗的准备

砧木的选择、接穗苗与砧木苗播种期的确定是嫁接育苗的关键技术之一。选择砧木的主要标准是要与接穗有高度的亲和力，能抗防治目标的病害，并促进接穗生长发育。接穗与砧木播种期根据蔬菜种类、品种来定。生产中常用的主要蔬菜的嫁接砧木、嫁接苗与砧木苗的播种期参考表1-6。

表 1-6　主要蔬菜嫁接砧木及嫁接苗、砧木苗播种期

蔬菜种类	常用砧木	嫁接方法	嫁接苗、砧木苗播种期
黄瓜	黑籽南瓜、白籽南瓜	靠接法	黄瓜接穗比南瓜砧木早播5～6d
		插接法	南瓜砧木比黄瓜接穗早播6～7d
甜瓜、西瓜	瓠瓜、葫芦	插接法、劈接法	砧木比甜瓜、西瓜接穗早播5～7d
番茄	野生番茄	劈接法	砧木比番茄接穗早播3～5d
茄子	赤茄、托鲁巴姆茄	劈接法	赤茄砧木比茄子接穗早播7d；托鲁巴姆砧木比茄子接穗早播30d

步骤 4　嫁接方法

1. 靠接法　将砧木和接穗从营养钵中取出，尽量少伤根，除去砧木的生长点；在砧木子叶节下 0.5cm 处用刀片自上而下呈 35°角斜削一刀，斜面长 1cm 左右，切口的深度为茎粗的1/2；在接穗子叶节下 1.5cm 处用刀片自下而上按 35°角斜削一刀，切口深度为茎粗的 3/5；将削好的砧木和接穗的切口相互嵌合，并将接穗子叶压在砧木子叶上面，用嫁接夹固定（图 1-19）。

2. 插接法　除去砧木的生长点，用一端尖的竹签从砧木苗的胚轴顶部向下斜插 0.3～0.5cm，竹签暂不拔出；

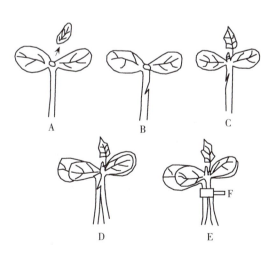

图 1-19　靠接法

A. 砧木苗去心　B. 砧木苗削切　C. 接穗苗削切
D. 接合　E. 固定接口　F. 嫁接夹

将接穗从营养钵中取出，尽量少伤根，在子叶节下 0.8～1.0cm 处用刀片削成楔形，切口长 0.6cm；拔出砧木苗上的竹签，将削好的接穗插入孔中；使接穗的子叶与砧木的子叶交叉成十字（图 1-20）。

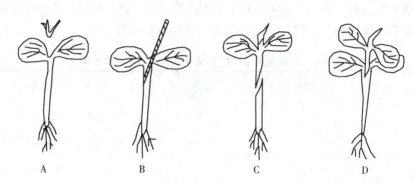

图 1-20　插接法

A. 砧木苗去生长点　B. 砧木苗插孔　C. 削接穗苗

D. 接口嵌合

3. 劈接法　仅保留 2 片子叶（瓜类）或 1～2 片真叶（茄果类），平切掉砧木上半部，即除去砧木的生长点；用刀片在茎稍偏一侧垂直向下竖切 1cm 深，将整个苗茎劈开，切口宽度为整个苗茎的直径；选择与砧木茎粗细一致的接穗，从营养钵中取出，接穗高度以 1.5cm 为宜，将其下胚轴削成双斜面楔形，楔形长短为 1cm；随即将削好的接穗插入砧木的切口中，对齐后用专用嫁接夹固定（图 1-21）。

图 1-21　劈接法（全劈接法）

步骤 5　嫁接后 1～3d 的管理

嫁接好的幼苗立即栽入塑料营养钵或苗床中。

此期是嫁接苗成活的关键时期，苗床要全面遮阳，确保棚室内相对湿度达 95% 以上，日温保持在 25～27℃，夜温在 14～20℃。

步骤 6　嫁接后 4～6d 的管理

此期是嫁接苗假导管形成期，棚内的相对湿度应降低至 90% 左右，日温保持在 25℃ 左右，夜温应为 16～18℃，可见弱光。生产上，小拱棚顶部每天可通风 1～2h，早晚可揭开遮阳覆盖物，使苗床见光。在早晨 10 时左右用清水在小拱棚内膜面进行喷雾，以增加拱棚内的湿度。在遮阳条件下，如果接穗出现萎蔫现象，可在拱棚内膜面和接穗叶面进行喷雾。

步骤 7　嫁接后 7～10d 的管理

此期小棚应整天开 3～10cm 的缝，进行通风排湿，一般不再遮阳，可以使棚内湿度降至 85% 左右，如湿度过大，易造成接穗徒长和叶片感病。

正常条件下，接穗真叶半展开，标志着砧穗已完全愈合，应及时将已成活的嫁接苗移出小拱棚。

步骤 8　成活后的管理

嫁接后 10～15d，移出小棚后的嫁接苗经 2～3d 的适应期后，应进行大温差管理，以促进其花芽分化。要及时去除砧木萌蘖，靠接法还应及时给接穗断根。

嫁接苗长出 3～4 片真叶时即可定植，定植时注意培土不可埋过接口处。

■ 知识评价

一、填空题（42 分，每空 2 分）

1. 为了提高蔬菜种子的发芽质量，在播种前可以对种子进行_____、_____等处理。

2. 播种前利用_____、_____、_____等方法杀灭种子表面携带的病菌。

3. 根据_____、_____、_____、_____、_____来确定播种后覆土的厚度。

4. 育苗期间引起幼苗徒长的原因有_____、_____、_____、_____。

5. 育苗床土的消毒方法有_____、_____、_____、_____等。

6. 育苗床土消毒常用的药剂有_____、_____、_____等。

二、判断题（10 分，每题 2 分）

1. 育苗用的床土不需要专门配制。　　　　　　　　　　　　　（　　）

2. 包衣种子一般干籽直播，不需要再做处理。　　　　　　　　（　　）

3. 通过控制水分可以防止幼苗徒长。　　　　　　　　　　　　（　　）

4. 不同的蔬菜应选用不同孔穴的苗盘。　　　　　　　　　　　（　　）

5. 育苗期间应给与幼苗充足的光照。　　　　　　　　　　　　（　　）

三、简答题（48 分）

1. 穴盘育苗与苗床育苗相比有哪些优势？（12 分）

2. 简述苗床育苗中从播种到成苗的管理措施。（24 分）

3. 简述穴盘育苗的基本步骤及各步骤的操作要点。（12 分）

技 能 评 价

在完成苗床育苗及穴盘育苗的生产任务之后，对实践进行评价总结，并在教师的组织下进行交流。

1. 在任务实践中遇到了哪些问题？你是如何解决的？

2. 根据自己掌握的知识，分析出现问题的原因。

3. 你认为在实践中哪些地方需要改进？

项 目 二

西兰花的生产技术

■ 学习目标

知识：1. 了解西兰花的品种类型及优良品种。

2. 了解西兰花的生长发育过程以及对环境条件的要求。

3. 了解西兰花的栽培季节和茬口安排。

技能：1. 学会安排西兰花的栽培季节及茬口。

2. 学会西兰花的育苗、移栽、施肥、浇水等生产管理技术。

■ 基础知识

西兰花（图2-1，彩图15）是花椰菜的一个种类，又称绿菜花、青花菜，因其花球为绿色而得名。西兰花含有丰富的维生素A、维生素C、胡萝卜素和蛋白质等，烹调之后碧绿鲜美、质地细嫩，是近年来发展的高档蔬菜种类之一。

一、类型及品种

西兰花的花球由肉质花茎和小花梗及绿色花蕾组成，与白菜花的不同在于西兰花叶腋的芽活跃，主茎顶端的花茎及花蕾采收后，下面的叶腋可以

图2-1 西兰花

抽生侧枝，侧枝顶端又生花蕾群，可多次采摘。

（一）类型

1. 按照花枝类型分类 西兰花可分为主花球类型、侧花球类型、主侧花球兼用类型。

2. 按生长期长短分类 西兰花可分为早熟、中熟、晚熟三种类型。早熟品种，定植后 60d 收获，收顶花球为主，花球较大，个别品种也可收侧花球。中熟品种、晚熟品种，出现花球的时间迟，定植后 80～110d 以上收获，收主花球后，侧芽可以长成小花球，可陆续采收，收获期可达 30d 以上，但有的品种侧芽不宜萌发，不能形成侧花球。

（二）品种介绍

1. 曼陀绿 适应性广，可用于春、秋种植。

特征特性：杂交一代，中早熟，秋季定植后 60d 左右收获。株型直立，侧枝少，花蕾小，花球高圆形，紧凑，不易散花，采收期长。

2. 绿福青花菜 一年四季均可种植。

特征特性：中早熟，定植后 65～70d 收获。花球高圆顶形，颜色青绿色，花球紧实周正，侧枝花少，不易空心，花蕾粒紧密。适应性广，耐热、耐寒。

3. 美奇 适宜春、秋种植。

特征特性：杂交一代，早中熟，定植后 60d 采收，单球重 500g 左右。花蕾颜色鲜绿，花型美观，成熟整齐；植株生长旺盛，耐热、耐湿，抗病性强，适应性广；产量高，商品性高，耐贮运。

4. 清风青花菜 适宜春、夏、秋三季露地种植。

特征特性：日本最新一代交配种西兰花。早熟，一般定植后 50d 左右收获。耐热性较强，生长适温 15～30℃。株型直立，叶色蓝绿，花球半圆球形，紧实，花蕾细小美观，商品性良好。

5. 南秀 366 适宜春、秋种植。

特征特性：早熟品种，定植后 60d 左右采收。花球深绿色、高圆，花粒细腻，花蕾紧密，不易散花和变色，品质高。单球重约 500g 左右。长势强、适应性广，抗黑腐病、霜霉病。

6. 优秀 适宜春、夏种植。

特征特性：中熟品种，秋播定植后 90d 左右可以收获。花球为大型圆球，花蕾粒是小粒。植株直立，大小适中，侧枝少。该品种适应性广。

7. 炎秀 适宜春、秋种植。

特征特性：杂交一代，中早熟品种，适应性广，秋季定植后 70d 左右收获。株型直立，侧枝少，花蕾小，花球蘑菇形，紧凑，不宜散花，侧枝少，采收期长。

8. 佳绿 适宜春、秋两季种植。

特征特性：杂交一代，早熟品种，定植后 60d 左右收获。花蕾粒细，花球紧凑，蘑菇形，颜色青绿，单球重 400～500g。植株较直立，抗病性较强，不易空心。

9. 碧玉 适宜冷凉地区春、夏种植。

特征特性：中熟品种，定植后 80～90d 采收。花蕾粒致密细嫩，深绿色，结球整齐，蕾重 350～500g，少有侧柱，及时去掉侧枝有利促进结蕾，茎不空心，采收后不易变黄。该品种适应性广，抗黑腐病、霜霉病、软腐病能力强。

10. 美丽宝春秋天 适宜春播，在冷凉地区夏季也可种植。

特征特性：播种后 100d 可收获。花蕾粒极小且细致紧密，大型圆球，株型直立，侧枝少。耐热、抗病、适应性广，高抗霜霉病、茎枯病、枯萎病、细菌性叶斑病。

11. 绿珠（杂交种） 适宜春、秋种植。

特征特性：从我国台湾引进原装进口品种，株型直立、中高，茎基部有侧芽，中高部无侧芽。花球深绿，花蕾粒细而紧实。适应性广，生长的最适温度为 8～25℃，春季定植后 60～65d 可收获，秋植 70～75d 收获。

12. 如意西兰花 适宜春、秋种植。

特征特性：早熟，定植后 60～65d 可以收获。花球青绿，圆润丰满，花蕾细密，延期采收仍可保持较好的外观和商品性。主茎不易空心而且抗病性较强，容易种植。

二、生长发育过程

1. 发芽期 种子萌动到"拉十字"，一般 3d 子叶展开，7～8d"拉十字"，"拉十字"为其临界特征。

2. 幼苗期 "拉十字"到第一叶环长出即"团棵"。

3. 莲座期 "团棵"至再长出 1～2 个叶环，形成发达的叶丛，叶面积迅速扩大，该期形成西兰花的主要同化面积，主茎顶端变为花芽，后期花球开始缓慢生长。

4. 花球生长期 花球生长至收获。西兰花的花球为营养贮藏器官，当温度条件适宜时，花球逐渐松散，花枝、花薹伸长，开花结实。

三、对环境条件的要求

1. 对温度的要求 西兰花的耐热、耐寒性稍强于菜花，能耐短期轻霜冻。

种子在 2～3℃可发芽，但发芽非常缓慢，发芽适宜温度为 15～25℃，2～3d 就可出土。幼苗期适应能力较强，在 0～25℃的温度条件下均可生长。茎叶生长的最适温度为 8～25℃，30℃以上高温下叶片变细小，成柳叶状，植株易徒长，花球容易松散，影响产量和品质。花球发育的最适宜温度为 15～20℃，10℃以下花球生长缓慢，5℃以下植株发育受抑制。西兰花与花椰菜类似，属于绿体春化型，早熟品种不经过低温即可花芽分化，容易形成花球；中晚熟品种在 2～8℃，4～8 周的低温春化期后分化花芽，不宜在高温季节栽培。从花芽分化到发育成直径 0.5～1.0cm 小花的花蕾体需要 20～30d，以后花蕾和花茎不断发育。

2. 对光照的要求　西兰花属低温长日照植物，喜充足的光照。西兰花在花球形成期必须具备一定的光照条件，才能使花球色泽深绿、品质良好，获得高产，如果在花球形成期光照不足，容易引起幼苗徒长，花球颜色发黄、不饱满，所以西兰花管理时不能束叶盖花球。

3. 对水分的要求　西兰花喜湿润环境，不耐旱涝。其植株高大，生长旺盛，叶片和花球生长期需要充足的水分，叶片生长期缺水会使叶片变小，叶柄和节间伸长，或出现先期现蕾。花球生长期供水不足，花球容易老化，水分过大又容易引起花球松散、花枝霉烂或根腐烂。

4. 对土壤及土壤养分的要求　西兰花的根系分布较浅，须根发达，适于在有机质丰富、土层深厚、保水保肥力强的壤土或轻沙壤土上种植。适宜的土壤酸碱度为 6.0～6.7。西兰花为喜肥、耐肥作物，要求较完全的肥料，前期叶丛生长需要大量氮，花球形成期对氮、磷、钾的需要量大。微量元素硼、钼对西兰花的产量和品质有重要影响，缺硼时生长点受害萎缩，叶缘卷曲，花茎中心出现空洞或开裂现象。

四、栽培季节与制度

西兰花喜冷凉的气候条件，需要通过阶段发育才能获得花球即产品器官。西兰花露地适宜春、秋种植，表 2-1 为太原地区露地栽培茬口安排。设施栽培主要利用塑料大棚、日光节能温室在早春和秋冬季进行生产，在冬季到早春之间随时定植。近年来在炎夏利用遮阳网栽培也能获得良好的生产效果。

表 2-1　太原地区西兰花露地栽培的茬口安排

茬口	播种期	定植期	主要供应期
春茬	12月下旬至1月上中旬（设施育苗）	3月中旬至4月上旬	5～6月
夏茬（遮阳）	3月下旬至5月上旬	5～6月	7～9月
秋茬	6月下旬至7月下旬（露地育苗）	7月下旬至8月上旬	11月

任务实施

一、品种选择

西兰花栽培对品种的选择较严格，要根据栽培季节选择适宜的品种。春季选择冬性强、适应性广的中晚熟品种；夏季生产应选择耐热性强、早熟的品种；秋季生产应选择耐寒、株型紧凑、花球坚实的品种，主要选用中熟或中早熟品种。

购种时要注意选择质量有保证的正规企业生产的种子。

二、培育壮苗

(一)壮苗标准

培育壮苗是西兰花获得优质高产的基础，壮苗通常具有5～6片真叶或8～9片真叶不显花球，茎粗、节间短，叶色浓绿，叶片肥厚，根系多而白，无病虫害。

(二)培育适龄壮苗

步骤1　苗床准备

春季在温室、温床、阳畦等设施内育苗；夏季可在露地遮阳育苗。苗床要选择地势较高、便于排水灌溉的地块，苗床上搭小拱棚，覆盖塑料薄膜或遮阳网，以利于保温、防雨、降温。

苗床一般做成宽1.2～1.5m的畦，田园土要选用没有种过花椰菜、甘蓝、大白菜等十字花科蔬菜的肥沃田土，按要求配好育苗土装入苗床。

步骤2　播种

播种通常采用撒播，每平方米播种量为3～4g，夏季在早晚或阴天播种。

播种前苗床应浇足底水，水渗后撒一层0.3～0.6cm厚的过筛细干土，然后将种子均匀地撒于苗床内。撒完籽后，再覆盖一层0.5～1.0cm厚的细土，上面覆盖塑料薄膜保湿。

步骤3　苗期管理

播种后出苗前，苗床温度白天保持在20～25℃，夜间在15～10℃。幼苗60%～70%出土后进行通风降温，苗床温度白天18～20℃，夜间8～10℃，一般不需要浇水。幼苗具有2～3片真叶时进行分苗，并按大小苗进行分级，分苗苗距10cm见方。当幼苗达到要求时定植。在幼苗管理上小苗可以进行低温炼苗，大苗不能经历长期低温。

早春育苗时要避免10℃以下的低温，避免幼苗在没有分化出足够的叶数时就形成很小的花球，影响产量和品质。

三、合理密植

步骤 1　确定定植时期

各地区可根据当地的气候特点和幼苗的长势，选择定植时期。

步骤 2　整地、施基肥、做畦

结合翻耕每 667m² 地可施腐熟有机肥5 000kg、过磷酸钙 50kg、草木灰 100kg 或复合肥 25kg。西兰花对硼、钼肥敏感，定植前每 667m² 施硼砂 15～30g、钼酸铵 15g，可用水溶解后拌入有机肥中施用。西兰花虽喜湿润环境，但耐涝性较差，所以在多雨地区及地下水位高的地方都应采用深沟高畦，以利排水，其他地区可做平畦。

步骤 3　定植方法

定植前一天要给苗床浇水，以利起苗。定植时，尽量带土坨，少伤根。若温度过高，最好在傍晚定植，浇足定植水，减少水分蒸腾量，保证幼苗成活。

西兰花叶丛开展，定植的行株距要适当加大，一般早熟品种为 40cm×50cm，中熟品种为 40cm×60cm，大型晚熟品种为 50cm×70cm。

四、定植后的田间管理

步骤 1　缓苗期

定植后根据土壤湿度、天气情况浇缓苗水，然后中耕、松土，同时清除杂草。

步骤 2　缓苗后肥水管理

西兰花喜肥水，特别是主、侧花球兼用品种及中晚熟品种，生长期和采收期较长，整个生长期及时追肥、浇水是获得高产、优质的关键。

植株缓苗开始生长后 10～15d，结合浇水进行第一次追肥，每 667m² 施尿素 10kg、磷酸二铵 15kg 或复合肥 20kg；顶花蕾出现时进行第二次追肥，每 667m² 施腐熟的粪干或鸡粪1 000kg 或豆饼 50kg；花球发育中后期叶面喷施 0.2％硼砂溶液和 0.05％的钼酸铵溶液，预防花蕾黄化、变褐。

花球发育期要保持土壤湿润，收获前 1～2d 浇一水，以提高产量和品质。

顶花球收获后，根据土壤肥力与侧花球生长情况进行适量追肥，每次采摘花球后追肥一次，提高侧花球的产量，延长采收期。一般侧花球可采收 2～3 次。

步骤 3　植株调整

对于主花球的专用品种，在花球采收前要摘除侧芽。

对于主侧花球兼用品种，侧枝较多，选留健壮的 3～4 个侧枝，抹掉细弱侧枝可减少养分的消耗。

五、采收

西兰花的采收适期是在花蕾充分长大但尚未露冠，而花球边缘的小花蕾略有松散时。采收过早，花蕾还没充分发育，花球小，产量低；采收过晚，花蕾松散、变黄，品质降低。

采收一般在清晨或傍晚进行比较好。采收时花球周围保留 3～4 片嫩叶，以防运输销售过程中花球受到损伤，保持花球鲜嫩。采收当天或前一天用 0.001％～0.002％的细胞分裂素在田间喷洒花球，可延缓采后花蕾和萼片变色与衰老。

六、贮藏

西兰花的花球不耐贮藏，常温下花蕾 1～3d 会发生黄化及衰老，失去商品价值。收获后不能及时销售的花球应装入保鲜袋中低温贮藏，适宜的贮藏温度为 0～1℃，适宜的空气相对湿度为 90％～95％。

生产中常见问题及处理措施

1. 花球毛叶　花球毛叶指在花球表面长出小叶的现象。主要原因有：花芽分化后，在花球膨大期遇到 30℃以上连续高温而引起的花器的进一步生长；播种太早，花芽分化需要的低温不够；氮肥施用过量，使营养生长旺盛。

防治措施是适时播种、适期收获，避免在花球膨大期过量使用氮肥。

2. 散花　散花指花球表面高低不平、松散不紧实（图 2-2，彩图 16）。产生的原因主要是采收过晚，导致花球老熟；肥水不足，蹲苗过度导致生长受阻；温度过高、病虫危害等。

3. 不结花球　不结花球指西兰花的植株只长茎叶，不能形成花球的现象。发生的原因是：

（1）由于品种选用不当，播种不及时造成的。如秋播品种由于播种过早、气温较高，幼苗没有经历低温阶段，不能完成

图 2-2　西兰花散花、焦蕾

春化；冬性强的春播品种用于秋播，很难通过春化，导致不结花球；春播的品种在春季播种过晚，气温升高也不能通过春化。

（2）幼苗期、莲座期过量施用氮肥。氮肥过量导致茎叶徒长，由于大量的营养用于茎叶，花球不能正常形成和发育。

防治措施：根据种植的茬口选择适宜的品种；适时播种；依据西兰花不同生长时期的特点进行合理的田间管理。

4. 花球过小或先期结球　已到收获期但花球小，达不到商品标准，或者营养体未充分长大就出现很小的花球。主要原因是：

（1）西兰花在苗期或刚移栽时遇到不良的环境或长期低温。使植株的营养生长受到抑制，诱导花芽提前发育，早期出现花蕾，形成过小的花球。如春播过早，幼苗长期处于低温环境；苗期缺肥，移栽时伤根过重，过于干旱，茎叶生长受抑制。

（2）春播时使用秋播品种。秋播品种完成春化要求的温度较高，时间也短，用于春播时会很快通过春化，出现花球，此时营养生长不足，形成的花球也小。

（3）秋播过晚。这时气温逐渐降低，叶丛没有充分生长就完成春化，形成小花球。

（4）使用陈旧的种子、不饱满的种子、病虫害侵染的种子。幼苗生长势弱，茎叶不壮，通过春化后形成的花球营养不良，个体很小。

防治措施：正确选用品种，适期播种，幼苗期、莲座期适时适量的肥水供应，促进叶丛的生长，为花球的膨大奠定基础。

5. 花球异常

（1）紫色或褐色花球。在花球发育期间由于受低温影响在花球表面形成红白不匀的紫色斑驳即形成紫色花球，当温度急剧下降到1℃以下时，花球容易变褐。

防治措施：在结球期关注气温的变化，在低温天气到来之前，或气温骤降之前采取保温措施，避免植株遭受低温危害。

（2）花球黄化焦蕾。西兰花生产过程中出现花蕾变黄的现象（图 2-2），秋季种植早熟品种发生严重。主要原因是在花球膨大期遇到高温，花球受到强烈日光照射造成的。

防治措施：当花球直径长到 3cm 时，可将靠近花球的 1～2 片外叶轻轻地折弯覆盖花球，避免强烈日光的照射。

■■ 知识评价

一、填空题（55分，每空5分）

1. 西兰花按照花枝类型可分为_____类型、_____类型、_____类型。

2. 西兰花的种子发芽的低限温度为 _____ ℃，发芽适宜温度为 _____ ℃。

3. 西兰花花球发育的最适宜温度为 _____ ℃，_____ ℃以下植株发育受抑制。

4. 西兰花植株缓苗开始生长后 _____ d，结合浇水进行第一次追肥，每 667m² 施尿素 _____ kg、磷酸二铵 _____ kg 或复合肥 _____ kg。

二、判断题（8分，每题2分）

1. 西兰花早春育苗夜间温度过低容易引起先期抽薹。　　　　（　　）

2. 主根受损，根系发育不良也能引起西兰花散花球。　　　　（　　）

3. 西兰花与大白菜可以实行3年以上轮作。　　　　　　　　（　　）

4. 主花球的专用品种，在花球采收前要摘除侧芽。　　　　　（　　）

三、简答题（37分）

1. 生产中应如何选择西兰花品种？列举出5个品种，并说明各品种的主要特性。（20分）

2. 简述苗床育苗过程中从播种到成苗的管理措施。（12分）

3. 西兰花不能及时出售时如何进行短期保鲜？（5分）

■ 技能评价

在完成西兰花的生产任务之后，对实践进行评价总结，并在教师的组织下进行交流。

1. 在任务实践中遇到了哪些问题？你是如何解决的？

2. 根据自己掌握的知识，分析出现问题的原因。

3. 你认为在实践中哪些地方需要改进？

项 目 三

球茎茴香的生产技术

学习目标

知识：1. 了解球茎茴香的生长习性及优良品种特性。
　　　2. 了解球茎茴香的播种育苗技术及田间管理技术。
　　　3. 了解球茎茴香的栽培季节和茬口安排。
技能：1. 学会安排球茎茴香的栽培季节及茬口。
　　　2. 掌握球茎茴香播种育苗及田间管理的关键技术。

基础知识

　　球茎茴香（图 3-1）是伞形科茴香属一年生草本作物，其膨大肥厚的叶鞘部鲜嫩质脆，味清甜，每百克鲜食部分含有蛋白质 1.1g、脂肪 0.4g、糖类 3.2g、纤维素 0.3g、维生素 C 12.4mg、钾 654.8mg、钙 70.7mg，并含有黄酮苷、茴香苷。球茎茴香可生食或熟食，很受消费者欢迎，市场前景好。

图 3-1　球茎茴香

一、类型及品种

（一）类型

　　球茎茴香根据球茎的形状可分为两种类型。

1. 扁球形类型 植株生长旺盛，叶片绿色，叶鞘基部膨大呈扁球形、淡绿色，外层叶鞘较直立，左右两侧短缩茎明显，外部叶鞘不贴地面，球茎偏小，单球质量一般为 300～500g。

2. 圆球形类型 株高、叶色与扁球形差异不大，叶鞘短缩明显，抱合极紧，不仅向左右两侧膨大，而且前后也明显膨大，外侧叶鞘贴近地面，遇低温易发生菌核病。球茎紧实，颜色偏白，外形似拳头，单球质量一般为 500～1 000g，适宜在保护地种植，密度不宜过大。

（二）品种介绍

1. 楷模 从法国引进的杂交一代种。

特征特性：株高 80cm 左右，球茎白色、紧实，圆球形，整齐度高，单球质量为 0.5～1.0kg。

2. 荷兰球茎茴香

特征特性：株高 70cm，开展度 50cm 左右，羽状复叶绿色，球茎为高球形、较扁，浅绿色；从播种到收获需要 75d 左右，单球质量为 500g，每667m² 产量2 000kg。

3. 意大利球茎茴香

特征特性：高 54cm，开展度 45cm 左右，单球质量为 400g 左右；适应性强，生长快。

4. 泰坦尼克

特征特性：中早熟品种，果实大，椭圆形，单果质量为 750g 左右；抗未熟抽薹性强。

5. 球茴 2 号

特征特性：植株生长势强，株高 90～100cm，球茎白色、紧实，圆球形，整齐度较高，单球质量为 0.4～0.8kg；该品种适宜密植。

二、生长发育过程

1. 发芽期 从种子萌动到发芽、出土，需 7d 左右。

2. 幼苗期 第一片真叶展开到 5～6 片真叶，此时期需 18d 左右。

3. 叶丛生长期 从第五片真叶开始到叶鞘开始膨大；此时期需 25～30d。

4. 球茎肥大期（采收期） 从叶鞘开始膨大至停止膨大，或到开始采收，需 25d。

5. 开花结籽期 从抽薹开花到籽粒成熟，需 50～60d。

由于球茎茴香不同的生长发育时期具有不同的特点，所以生产管理的要点也会不同（表3-1）。

表 3-1　球茎茴香不同时期管理要点

发育时期	管理要点
发芽期	早出苗、出全苗；根据季节进行加温和遮阳措施
幼苗期	及时间苗，通风透光，培育壮苗
叶丛生长期	加强肥水管理，通风透光和病虫害防治
球茎肥大期（采收期）	加强肥水管理和病虫害防治

三、对环境条件的要求

1. 对温度的要求　球茎茴香喜冷凉气候，耐寒不耐热。种子发芽适温为 15～25℃，生长适温为 12～20℃，温度高于 25℃、低于 10℃ 都将影响其生长和品质。球茎茴香苗期具较强的适应性，能耐 −4℃ 低温和 35℃ 高温。幼苗在 4℃ 左右低温下通过春化。

2. 对光照的要求　球茎茴香喜光怕阴，光照充足利于植株的生长和养分的积累。苗期对光照要求不严格，但光照充足有利于壮苗的形成；球茎膨大时需充足光照；保护地栽培时应减小密度，合理增加株间距；长日照可促进花芽形成，通过春化阶段后在长日照高温条件下开花结实。

3. 对水分的要求　整个生长发育过程中对水分要求严格，土壤相对湿度为田间最大持水量的 80%，空气相对湿度为 60%～70%。苗期及叶鞘膨大期要求较高的空气相对湿度和湿润的土壤，不宜干旱。

4. 对土壤及土壤养分的要求　球茎茴香对土壤要求不严格，pH5.4～7.0 范围内均能正常生长。生长期要求氮、磷、钾肥均衡供应，生产中为保证产品的质量和产量，选择保肥、保水力强的肥沃壤土种植。

四、栽培季节与制度

球茎茴香适应性强，华北地区露地栽培和保护地栽培相结合可做到周年生产（表 3-2）。

表 3-2　球茎茴香栽培茬口安排

栽培方式	播种育苗期	定植期	收获期
春露地	12月中下旬至3月上中旬	3月中下旬至4月中下旬	5月下旬至6月中下旬
大棚秋延后	7月上中旬	8月中下旬	11月上中旬
大棚春提前	1月中下旬	3月上中旬	5月中下旬
日光温室	7月下旬至次年1月上旬	9月上旬至次年2月下旬	11月下旬至次年5月中旬

任务实施

一、品种选择

根据种植季节、当地生态条件及种植方式选择适宜的品种。如春季露地种植要选择耐热和对光照要求不严格的早熟品种。

二、育苗

培育壮苗是夺取高产的关键之一。早春和保护地生产可用阳畦、温室、小拱棚、温床、大棚等设施育苗。育苗时可以采用苗床育苗，也可用营养钵或穴盘育苗。

步骤1 苗床准备

选土壤肥力中上、保水性较好的沙壤土或壤土种植。每 667m² 施优质农家肥 2 000kg 左右、尿素 10～15kg、磷酸二铵 10kg、硫酸钾或复合肥 5～8kg 做基肥，耕翻平整，耕翻深度 20～25cm；灌足底墒水，适墒整地，精细整地，达到"墒、平、松、碎、净"标准，以备播种。

步骤2 种子处理

播前将种子放入 15℃ 左右冷水中浸泡 12h，并进行搓洗，淋去浮水，在 18～20℃ 条件下催芽，种子露白时播种；也可以用 5mg/kg 赤霉素浸泡 12h，然后用清水漂洗 2 次，再进行催芽。

步骤3 播种

球茎茴香采用育苗移栽方式栽培，每 677m² 地需苗床面积为 30m²、种子 100g 左右，可与细沙拌匀然后播种以节省种子。播前浇透水，播后覆盖 0.5～1.0cm 营养土并立即覆膜，保持畦面湿润和适宜的温度，以利出苗。白天温度为 20～25℃，夜间为 10～15℃，外界气温达 15℃ 以上揭膜或停止加温。

步骤4 苗期管理

出苗后视情况适当控水蹲苗，或小水浇一次，促进幼苗生长健壮。

及时间苗成单株，1～2 片真叶时应及时间苗，株距约 4cm，3～4 片真叶时按株距 6cm 进行第二次间苗，以免幼苗互相拥挤、生长不良，并结合间苗拔除杂草。

根据育苗季节进行通风降温或保温措施以调节育苗的环境，达到培育壮苗的目的。当苗龄 45d 左右，植株有 5～6 片叶，株高 15～20cm，叶片肥厚，叶柄宽大，叶色深绿即为壮苗要求，可以定植。

三、整地定植

在晴天下午或阴天进行定植，定植前结合整地，每 667m² 施入腐熟有机肥5 000kg、过磷酸钙 60kg、复合肥 50kg 做基肥，耕翻平整后做畦。

定植前一天给苗床浇一次透水，以利次日挖苗，挖苗时要带土坨，减少伤根。定植按 25cm×50cm 株行距进行，密度每 667m² 为 5 000~6 000株，栽苗后及时浇水以利缓苗。温室种植不宜过密，否则易见光不足，出现球茎腐烂。

四、田间管理

步骤 1　温度管理

定植后，适当保持较高温度，以促进早缓苗，提高成活率，白天温度为 25~28℃，夜间为 15~20℃；缓苗后适当降温防徒长，白天温度保持在 20~25℃，夜间为 15~20℃。球茎茴香忌高温，15~20℃时生长良好，低于 5℃易受冻害，温度达 25℃时，应加强通风。温室生产需要有保温措施。

步骤 2　水分管理

球茎茴香不耐旱，水分供应充足才能优质高产。早春时节，地温较低，干旱时才浇水，水不宜过多；浇完定植水后需再浇水 1~2 次，以后浇水视生长情况而定，球茎开始膨大前适当控水，球茎开始膨大后要保持土壤湿润，以满足球茎膨大生长对水分需要，在膨大期浇水忌忽大忽小。球茎直径达 8cm 时进入采收期，应减少浇水，以利于产品的贮藏运输。

步骤 3　施肥管理

定植水后中耕蹲苗 7~10d，苗高 30cm 左右（7~8 叶）时进行第一次追肥，追肥应结合浇水，每 667m² 冲施复合肥 10kg；球茎开始膨大时进行第二次追肥，每 667m² 冲施复合肥 15kg 左右；球茎迅速膨大期进行第三次追肥，用量同第一次；也可使用 1％尿素与 1％磷酸二氢钾的混合液进行叶面追肥。

步骤 4　通风换气

设施生产要进行通风换气，其目的是为了防止棚室内湿度过大，造成病害发生蔓延，同时也可以增加二氧化碳浓度，以提高产量。通风换气应在缓苗后早晨、中午进行，通风换气时间可根据棚室内温度高低和湿度大小灵活掌握。

步骤 5　病虫害防治

1. 软腐病　主要发生在叶柄基部或茎上，先出现水渍状不规则形凹陷斑，褐色或浅褐色，后呈湿腐状，变黑发臭。

防治方法：加强田间管理，通风透光，病株及时拔除，全田喷洒 47％春雷·王铜可湿性粉剂 900 倍液或 72％农用硫酸链霉素可溶性粉剂 4000 倍液，采收前 3 天停止用药。

2. 枯萎病 表现为叶片发黄、植株瘦弱矮小，有时在花期出现烂根现象，叶色淡黄，中午呈萎蔫状，顶部叶片萎垂，后期叶片变黄干枯，根部发黑，侧根少。

防治方法：生产中 4～5 年进行一次轮作；在发病初期灌浇 50％多菌灵或甲基硫菌灵可湿性粉剂 1 000 倍液。

3. 其他病虫害 菌核病、白粉病在发病初期可以用 70％代森锰锌可湿性粉剂 600～700 倍液或 75％百菌清可湿性粉剂 500～600 倍液防治。地蛆可用 500 倍液的敌百虫灌根；蚜虫用 2.5％溴氰菊酯乳油 2 000 倍液进行防治。

五、采收

球茎茴香生长到 250g 以上时便可开始采收。球茎茴香上市时间可以根据市场需求进行调整，适当降低棚室的温度可使其上市时间延后 15～30d。

球茎茴香采收后要求将根盘切净，除去黄叶，球茎上部留长 5cm 左右叶柄，其余部分全部剪去。为保证品质优良、纤维少，采收的球茎直径不宜过大。

■■ 知识评价

一、选择题（30 分，每题 10 分）

1. 球茎茴香在 15～20℃时生长良好，低于 4～5℃易受冻害，温度达（　　）℃时，应加强通风。

    A. 15　　　　　　B. 25　　　　　　C. 30　　　　　　D. 20

2. 球茎茴香病虫害农药防治应在采收前（　　）d，停止用药。

    A. 7　　　　　　B. 5　　　　　　C. 3　　　　　　D. 10

3. 播前将种子用 5mg/kg 赤霉素浸泡（　　）h，以促进发芽。

    A. 18　　　　　　B. 20　　　　　　C. 12　　　　　　D. 15

二、判断题（30 分，每题 10 分）

1. 球茎茴香枯萎病可通过轮作方法进行防治。（　　）

2. 球茎茴香温室种植不宜过密，否则易出现球茎腐烂。（　　）

3. 球茎茴香叶鞘膨大期，需较高的相对湿度和湿润的土壤，不宜干旱。

    （　　）

三、简答题（40 分）

简述球茎茴香生产的关键技术环节。

■■ 技能评价

在完成球茎茴香的生产任务之后，对实践进行评价总结，并在教师的组织下进行交流。

1. 在任务实践中遇到了哪些问题？你是如何解决的？

2. 根据自己掌握的知识，分析出现问题的原因。

3. 你认为在实践中哪些地方需要改进？

项 目 四

荷兰豆的生产技术

■ 学习目标

知识：1. 了解荷兰豆的品种特性及优良品种。
   2. 了解荷兰豆的生长发育过程以及对环境条件的要求。
   3. 了解荷兰豆的栽培季节和茬口安排。
技能：1. 学会安排荷兰豆的栽培季节及茬口。
   2. 学会荷兰豆的种植技术。

■ 基础知识

荷兰豆（图 4-1）是食荚豌豆的俗称，属于豆科豌豆属，生产上作一年生栽培，主要食用嫩荚、嫩梢。在我国南方种植面积较大，北方种植面积还不是很大。荷兰豆营养价值高、口感清香脆嫩，可以清炒、做汤、凉拌，很受消费者喜爱，是有发展前途的高档蔬菜之一。

一、类型及品种

（一）类型

荷兰豆属于豌豆种里的软荚品种，以蔓生为主，植株枝叶生长繁茂，分枝

图 4-1 荷兰豆

能力强，侧枝同样有开花结荚的能力。荷兰豆根系发达，主要根群分布在 30cm 的土层内，根系上有根瘤和根瘤菌，具很强的固氮能力。

（二）品种介绍

1. 神华荷兰豆

特征特性：矮茎，株型紧凑，生长健壮，株高 70cm 左右，叶色深绿色，荚翠绿色，荚大肉厚，双荚率 90% 以上，荚最长 16cm，宽 3cm。青荚成熟期 77～161d，适应性广，一般每 667m² 产鲜荚 1 200kg 以上，商品价值高。

2. 荷兰豆改良软荚（688）

特征特性：由日本富士山软荚荷兰豆精选改良而成，晚熟，不可密植，播种后约 25cm 高时开花结荚，花粉红色，节间距为 3～4cm，每节可结 2 个荚，荚形较大且平直，采收期长，荚质脆嫩、清甜、纤维少，鲜食及冷藏加工外销均可。其适应性广，具有较好的耐寒性、抗病性，产量高。

3. 法国大荚矮生荷兰豆

特征特性：早熟、矮茎、大荚、白花，株高 70cm 左右，叶色深绿，荚大肉厚，双荚率很高，荚最长 16cm 左右，宽 3cm。该品种适应性广，耐菌核病、白粉病，品质优良，产量高，一般每 667m² 产鲜荚 2 500～3 500kg。

4. 台湾 8 号食荚大菜豌豆

特征特性：从我国台湾引进，经多年改良选育而成。植株高蔓，株高 130～150cm，分枝力强，花白色，双花双荚，始荚节位低，鲜荚绿色，荚长 13～16cm，宽 3cm，纤维少，脆嫩鲜甜，味美可口，商品性佳。具有早熟、耐寒、耐旱、耐贫瘠、抗病力强、适应性广、高产等优势。

5. 旺农 604 荷兰豆

特征特性：中早熟品种，结果力强，株高 180cm 左右，花色紫红，大部分花穗只有一花结一荚，每节 1 个荚，荚形平直，色泽翠绿，整齐，荚长 9cm、宽 1.7cm。该品种适应性广，抗白粉病，每 667m² 产可达 4 000kg。

二、生长发育过程

荷兰豆的生长发育过程分为四个时期（表 4-1）。

表 4-1　荷兰豆各生长发育时期的特点

生长时期	生长状态及特点
发芽期	从种子萌动至第一片真叶出现
幼苗期	第一片真叶出现至抽蔓前，一般在幼苗期要形成 4～6 片真叶，早、中、晚熟品种经历的时间不同
抽蔓期	主茎伸长，长出卷须，开始在茎的基部陆续发生侧枝，到出现花蕾，开始开花
开花结荚期	从开始开花至收获，开花后豆荚迅速生长，10d 左右可以达到采收标准

三、对环境条件的要求

1. 对温度的要求　荷兰豆喜温和冷凉而湿润的气候，较耐寒，不耐热。种子发芽的适宜温度为 15～18℃，此温度下出苗快而且整齐，在 4℃ 下能缓慢发芽，但出苗率低，25℃ 以上的高温条件不利出苗。幼苗的耐低温能力强，生长有 5 个复叶的幼苗能忍耐 -5℃ 的低温，之后耐寒力会逐渐减弱。茎叶生长的适宜温度为 12～16℃；开花期的适温为 15～18℃，低于 8℃ 和高于 20℃ 容易落花、落蕾；嫩荚成熟的适温为 18～20℃，温度超过 26℃ 时，受粉率低、结荚少，如高温伴随干旱则豆荚会提早硬化，产量低、品质差。

2. 对光照的要求　荷兰豆属长日照作物，大多数品种在长日照和短日照下都能开花，但在长光照及低温条件下能促进花芽分化，提早开花，缩短光照时延迟开花。大部分品种在开花结荚期都要求较强的光照和较长时间的日照，但温度不能过高。

3. 对水分的要求　荷兰豆在整个生长期都要求较多的水分。种子发芽过程中，若土壤水分不足，将导致出苗不齐，而且会大大延迟出苗期，播种时水分过大则易烂种；苗期能忍受一定的干旱气候，但土壤水分过大易烂根；开花期遇到空气干燥，容易落花、落荚。荷兰豆的根系需氧多，不耐涝，土壤积水易引起植株早衰、根系腐烂；连阴雨天气易诱发植株感染病害。

4. 对土壤的要求　荷兰豆对土壤的适应能力较强，而在疏松、富含有机质的中性土壤中生长良好。由于荷兰豆根系不耐湿，凡排水不良的地方，不适合种植。根瘤菌适于在接近中性的土壤中活动，土壤 pH 低于 5.5 时，会抑制根瘤菌的繁殖，降低固氮能力，从而影响荷兰豆生长。在偏酸的土壤中，可适当增施石灰。荷兰豆忌连作，与其他作物至少 3～5 年轮作一次。

四、栽培季节与制度

根据荷兰豆对温度的要求，我国北方大多数地区是在当地土壤解冻后播种，初夏开始收获；耐热的早熟品种可以夏季播种秋季收获。也可利用设施栽培来延长或调节荷兰豆的供应期。根据设施的类型不同，春季提早栽培在 2～3 月播种，4～5 月收获；秋季延后栽培一般 8～9 月播种，10～12 月收获；越冬茬口则可在 10～12 月播种育苗，第二年 1～4 月收获。

任务实施

一、品种选择

根据栽培季节及设施种类、栽培的茬口选择适宜的荷兰豆品种。

二、整地、施基肥、做畦

春季种植荷兰豆，在上年的秋茬作物收获后要深耕晒土，结合翻耕每 $667m^2$ 施腐熟的农家肥 5 000kg、过磷酸钙 50kg。春季及早整地，并结合整地施入硫酸钾 10kg 或复合肥 25kg。地力较差或种植早熟品种的地块可在基肥里加尿素 5～10kg 以促进幼苗的健壮生长。做平畦、地膜垄畦均可，但夏季播种最好做高畦，防止雨季畦面积水。

三、播种

荷兰豆主要采用干籽直播，蔓生类型每 $667m^2$ 用种量为 5～6kg，矮生类型每 $667m^2$ 用种量为 6～8kg。

步骤 1　确定播种期

5d 内 5cm 地温稳定在 2～3℃ 时即可播种，地膜覆盖播种可提早 3～6d。在适宜的温度范围内尽量早播种，种子可以利用早春土壤有较大的湿度进行发芽，还可以延长其生长期，达到提高产量的目的。

步骤 2　播种方法

播种要选择发芽率高、籽粒饱满、整齐、无病虫害的种子，土壤湿度不够时应提前浇底水，稍干后播种。

播种密度：矮生类型按行距 40～50cm、株距 10～15cm；蔓生类型按行距 50～60cm、株距 15～20cm 点播，每穴 3～4 粒。播后覆土 3～4cm。

秋季高温季节播种时，种子要进行低温处理，以降低着花的节位，增加花数。低温处理的方法是将吸饱水的种子放于 15～18℃ 下催芽，露白后，将其移到 2～5℃ 的环境下处理 10～15d。

四、育苗、定植

步骤 1　育苗

荷兰豆也可以育苗移栽，日历苗龄 25～30d，苗高 12～15cm，具有 4～6 片真叶时可定植。

荷兰豆根系再生能力差，要采用营养钵或营养土块育苗。育苗时采用干籽播种方式，播种后出苗前温度保持在 10~18℃，出苗后真叶展开前温度控制在 8~10℃，真叶长出后温度白天控制在 20~23℃，夜温为 13~16℃，土壤不干不浇水，干了再浇。定植前 5~6d 不浇水，通风降温炼苗，炼苗时白天温度控制在 12~15℃，夜温在 2℃左右。

秋季高温季节育苗，应有遮阳、防雨的措施，幼苗管理上小水勤浇利于降温，下雨积水时要注意排水防涝。

步骤2　定植

荷兰豆可以单垄种植，垄宽 50cm，也可以高畦双行种植，畦宽 1m，还可以与叶菜隔畦隔垄间作。最低气温在 4℃左右时可以定植，按株距 20cm 开穴、摆苗、浇水，水下渗后埋土。

五、田间管理

步骤1　中耕除草

齐苗后应及早中耕锄地，利于提高地温，促进根系、叶片的生长，同时可以清除杂草。在幼苗期到现蕾，要中耕 2~3 次。浇水后表土见干也要及时中耕，以防止土壤板结。

步骤2　支架与绑蔓、疏枝

蔓生类型的荷兰豆不能直立生长，当植株出现卷须时要及时插架，架材可选用竹竿，并进行人工引蔓上架或绑蔓。种植密度大、分枝过多时可以适当疏枝，有利于通风透光、促进开花结荚，提高产量。

步骤3　施肥、浇水

苗期底肥不足，幼苗生长细弱，叶色淡黄的情况下，宜进行追肥。追肥宜在苗高 17~20cm 时进行，结合中耕除草，浇施一次提苗肥，每 667m² 追尿素 5~10kg，间隔 10d 再追施一次。抽蔓开花前每 667m² 追尿素 15kg、复合肥 25kg，在离根际 12cm 处开一条深约 10cm 沟，将两种肥混匀后施入沟内，然后覆土、灌水，以促进茎叶生长及开花、结荚。

坐荚后豆荚迅速生长，进入旺盛生长期，应供应充足的肥水。水分管理应把握浇荚不浇花的原则，干旱时在开花前可多次浇水，开花期干旱或水分过多容易引起落花、落荚。不能大水淹灌或小水漫灌，以第二天早晨查看叶尖或叶缘无露水时为浇水或灌水标志。结荚期采收 3 次后在离根际 12cm 处开沟施肥，每 667m² 施尿素 10kg，以后每采收 2 次后叶面喷 0.3% 磷酸二氢钾溶液或 0.02% 的钼酸铵溶液或 0.1% 的硼砂溶液以提高豆荚的品质和产量。植株营养不良时，易出现生长慢、分枝少，结荚率低等现象。结荚期要保持土壤湿润，刮风天、阴天不浇水，防止植株倒伏，雨天及时排水。

步骤 4　病虫害防治

荷兰豆的主要病害有根腐病、白粉病、褐斑病、锈病等。

根腐病的防治方法为采用高畦栽培，雨后及时排水，施用农家肥应充分腐熟；发现病株及时拔除，并喷洒杀菌剂消毒；发病初期选用 10％噁醚唑 1 200 倍液或 50％多菌灵 500 倍液或 30％氧氯化铜 500 倍液喷淋根颈部。

白粉病的防治方法是合理密植，保持田间通风透光；发病初期选用 10％噁醚唑 1 000～1 500 倍液（严重时用高剂量），每 10d 喷一次，共 2～3 次，能有效控制病害的发展。

褐斑病在发病初期喷 30％氧氯化铜 600 倍或 70％甲基托布津 800 倍液防治。

锈病发病初期用 50％硫黄悬浮剂或 15％三唑酮 1 200 倍，每 10d 喷一次，连续 2～3 次；还要注意合理密植，雨后及时排水。

荷兰豆的主要虫害为豆荚螟，防治要点是及时摘除被害豆荚、豆叶，清除田间落花、落荚，减少虫源；在田间设黑光灯，诱杀成虫；在现蕾时选用氯氟氰菊酯 5 000 倍或 5％顺式氯氰菊酯喷施，重点喷花蕾、嫩荚。

六、采收

1. 适时采收　荷兰豆具有陆续开花结荚的习性，开花后 10～12d 嫩荚充分长大、0.5cm 厚、鲜嫩青绿、豆粒未发育时分次采收。如果采收过晚，籽粒生长肥大、明显鼓起，豆荚老化，品质降低，所以要做到适时采收。

2. 采收时间　采收一般在上午进行，采摘时应小心，不要损伤植株、折断枝蔓和花序，以免减产和促成病害发生。

3. 采后保鲜　采收后的产品应及时上市销售，不能及时上市的荷兰豆应用塑料薄膜袋包装后，放入 0～5℃，空气相对湿度 90％的环境中短期贮藏 15～20d。

▓ 知识评价

一、填空题（56 分，每空 4 分）

1. 荷兰豆以___　___作为食用部分。

2. 荷兰豆的采收适期为_____。

3. 荷兰豆在 5d 内_____ cm 地温稳定在_____℃时即可播种，地膜覆盖播种可提早_____ d。

4. 荷兰豆的矮生类型播种密度为行距_____ cm、株距_____ cm，蔓生类型播种密度为行距_____ cm、株距_____ cm。

5. 荷兰豆播种通常采用_____方式，每穴_____粒，播后覆土_____ cm。

6. 荷兰豆嫩荚成熟的适温为_____℃，温度超过_____℃时，结荚减少。

二、判断题（15分，每题3分）

1. 荷兰豆根系再生能力差，要采用营养钵或营养土块育苗。　　　　（　　）

2. 荷兰豆属于喜温耐热性蔬菜。　　　　　　　　　　　　　　　（　　）

3. 荷兰豆生长对土壤的酸碱性有很强的适应性。　　　　　　　　（　　）

4. 荷兰豆在开花期遇到干旱容易落花、落荚。　　　　　　　　　（　　）

5. 荷兰豆种子发芽的适宜温度为25～30℃。　　　　　　　　　　（　　）

三、简答题（29分）

1. 简述直播荷兰豆齐苗后的田间管理措施。（6分）

2. 简述荷兰豆结荚期的肥水管理措施。（15分）

3. 不能及时销售的荷兰豆如何进行短期贮藏？（8分）

■■ 技 能 评 价

在完成荷兰豆的生产任务之后，对实践进行评价总结，并在教师的组织下进行交流。

1. 在任务实践中遇到了哪些问题？你是如何解决的？

2. 根据自己掌握的知识，分析出现问题的原因。

3. 你认为在实践中哪些地方需要改进？

项 目 五

塑料大棚豇豆的生产技术

学习目标

知识：1. 了解豇豆的生长习性及品种特性。
2. 了解豇豆的生长发育过程。
3. 了解豇豆的栽培季节和茬口安排。
技能：1. 学会安排豇豆的种植茬口。
2. 掌握塑料大棚豇豆播种育苗及管理技术。

基础知识

豇豆（图 5-1）为豆科一年生草本植物，在我国有悠久的栽培历史，其资源丰富，南北各省都有生产，北方露地主要在秋季收获，是调节 8～9 月淡季的重要蔬菜。豇豆的营养价值很高，有易于被人体消化吸收的优质蛋白质，适量的碳水化合物及多种维生素、微量元素等，能补充机体所需的大部分营养素，豇豆的磷脂有促进胰岛素分泌、参加糖代谢的作用，是糖尿病人的理想食品。

图 5-1 豇 豆

一、类型及品种

豇豆可分为长豇豆和矮豇豆。在全国各地都具有自己的地方品种。

1. 长豇豆 茎蔓生长旺盛，长达 3～5m，种植时需设支架。豆荚长 30～

90cm，荚壁纤维少，种子部位较膨胀而质柔嫩，专作蔬菜栽培，宜于煮食或加工用，优良品种很多。如早熟品种有春丰、之豇28-2、重庆二巴豇、特长丰豇2000、春棚王，中熟品种有四川白胖豆、武汉白鳝鱼骨、广州大叶青；晚熟种有四川白露豇、贵州胖子豇、广州八月豇等。

（1）之豇28-2。由浙江省农业科学院园艺所育成，蔓性，主蔓结荚，第一花序着生于4～5节，第七节后节节有花序。嫩荚淡绿色，结荚多，荚长65～75cm，种子红紫色。春、夏、秋季均可栽培，早熟，高产，品质佳，每667m² 产1 750～2 000 kg。耐热性强，适应性广，抗蚜虫、花叶病毒病性强，目前已成为全国主栽品种之一。

（2）特长丰豇2000。植株蔓生，主、侧蔓同时结荚，主蔓2节以上均有花序，分枝少、叶片小、优质高产，结荚率高，荚长约80cm，且整齐一致，无鼠尾。早熟、耐热，每667m² 产量可达3 000 kg以上，全国各地均有种植，春、夏、秋三季均可栽培，尤其夏季高温及冬季温室保护地种植表现更佳。

（3）春棚王。春季大棚专用豇豆品种。该品种植株下部无分枝，第一雌花着生于第一节，主蔓结荚，密集且连续结荚能力强、品质优，荚淡绿色，荚长85cm，早熟，45～50d可上市，抗寒性强，耐低温性好，在10℃条件下能正常生长开花，前期产量高，每667m² 产量可达4 000 kg。

（4）春丰。适宜全国各地早春保护地和春季露地栽培。该品种植株蔓生，生长势强，以主蔓结荚为主，2～3节着生第一花穗，单株结荚多，前期产量高，后期不易早衰；较抗病毒病、枯萎病和煤霉病。

2. 矮豇豆　该品种植株高40～50cm，荚长30～50cm，鲜荚嫩，成熟后坚硬，扁圆形。种子部位膨胀不明显，用鲜荚做菜或种粒代粮。如南京盘香豇，厦门矮豇豆，安徽月月红、武汉五月鲜等。

（1）南京盘香豇。植株矮生，分枝多，荚长20～26cm，淡绿带紫色，卷曲如盘香状，一般在6月下旬播种，9月中旬至10月中旬收嫩荚，品质佳、产量高。

（2）武汉五月鲜。极早熟，株高50～68cm，第一花序着生于第三节，荚长20～25cm，青白色，结荚多，每荚含种子12粒左右，种皮淡红色，一般3月下旬至7月可陆续播种，5～10月上市。

二、生长发育过程

豇豆自播种至嫩荚采收结束需90～120d，到新种子成熟需110～140d，其生长发育经历发芽期、幼苗期、抽蔓期和开花结荚期四个时期。

1. 发芽期 从种子萌动到真叶展开，此期各器官生长所需的营养主要由子叶供应，真叶展开后开始光合作用，由异养生长转为自养生长，所以初始的一对真叶非常重要，应注意保护，不能被损伤或虫咬，此期为6~8d。

2. 幼苗期 从幼苗独立生活到抽蔓前（矮生品种到开花），此期以营养生长为主，并开始进行花芽分化，茎部节间短，地下部生长快于地上部，根系开始木栓化，此期为15~20d。

3. 抽蔓期 幼苗期后（即7~8片复叶后）主蔓迅速伸长，同时在基部节位抽出侧蔓，根系也迅速生长，并形成根瘤，此期为10~15d。

4. 开花结荚期 从现蕾开始到采收结束为开花结荚期，此期开花结荚与茎蔓生长同时进行，植株需要大量养分和水分，以及充足的光照和适宜的温度；此期的长短因品种、栽培季节和栽培条件的不同而有很大差异，短的45d，长的可达70d。

三、对环境条件的要求

1. 对温度的要求 豇豆属耐热蔬菜，种子发芽最低温度为8~12℃，发芽适温为25~30℃；植株生长适温为20~25℃；开花结荚适温为25~28℃，35℃以上仍能正常生长并开花结荚；但对低温敏感，10℃以下生长受到抑制，5℃以下植株容易受冻害，0℃时植株死亡。

2. 对光照的要求 豇豆属短日照作物，但多数品种对日照长短要求不严格。缩短日照有提早开花结荚、降低开花节位的效果。开花结荚期要求光照充足，否则易引起落花、落荚。

3. 对水分的要求 豇豆根系深，吸水能力强，叶片蒸腾量小，较耐干旱。种子发芽时需土壤湿润，水分过多，易使种子腐烂，造成缺苗，过分干旱则会影响出苗；生长期要求适中水分，土壤水分过多易引起叶片发黄和落叶现象，甚至烂根、死苗、落花、落荚，也不利于根瘤菌的活动；开花期要控制水分，但土壤过分干旱，也会引起落花，因此要注意适当浇灌，结荚期则要有较充足的水分。

4. 对土壤及土壤养分的要求 豇豆对土壤的适应性广，只要排水良好、pH6~7的疏松土壤均可种植，但要避免与菜豆、扁豆等豆科作物连作。不同的生长发育时期对养分的需求不同，苗期需肥少，植株生长前期，根瘤尚未充分发育，固氮能力弱，应适量供应氮肥；分枝期到盛花期对氮元素的吸收达到高峰，进入结荚期后对磷、钾肥的吸收量增加。豇豆种植中要注重施磷肥，磷是豆科作物根瘤菌发育的必需元素，每生产1 000kg豆角，需要纯氮10.2kg、五氧化二磷4.4kg、氧化钾9.7kg。

四、栽培季节与制度

要根据气候条件、种植习惯、生产季节、市场要求选择适当的种植方式。大棚生产播种期为2月下旬，小拱棚为3月上旬，春季露地生产育苗为3月下旬，直播为4月中旬。秋冬茬种植，一般从8月中旬到9月上旬播种育苗，10月下旬开始上市；冬春茬种植一般是12月中下旬到翌年1月中旬播种育苗，1月上中旬到2月上中旬定植，3月上旬前后开始采收，一直采收到6月。

任务实施

一、培育壮苗

步骤1　选择适宜的品种

根据气候条件、生产条件、种植季节等条件选用适应性强、抗性好的优良品种。

步骤2　选种与晒种

育苗移栽时，每667m^{2}应备种1.5～2.5kg，为保证发芽整齐、快速，提高种子的发芽势和发芽率，应精选种子并晒种，剔除饱满度差、虫蛀、破损和霉变种子，选晴天在晒场晒1～2d。

步骤3　营养土的配制

育苗营养土以疏松肥沃为原则，按技术要求配制营养土，并进行消毒；可用腐熟的猪粪与非豆科茬园田土按4：6的比例配制，也可用马粪2份、有机肥4份、园田土4份的比例配制；在配好的营养土中每立方米加入0.3～0.4kg磷酸二铵复合肥，拌匀备用。

步骤4　浸种与药剂拌种

将种子用热水烫种，随即转入一般浸种，使水温保持在25～30℃，浸泡2～3h，淋去水分。豇豆的胚根对温度和湿度很敏感，一般只浸种，不催芽；用咯菌腈悬浮种衣剂10mL兑水150mL，混合均匀后倒在1kg种子上迅速搅拌直到药液均匀分布，可有效预防苗期立枯病及其他土传真菌性病害。

步骤5　播种

豇豆的根系木栓化较早，再生能力较弱，要进行护根育苗，可以采用营养钵、纸袋或营养土块3种方式。将营养钵或纸袋装入营养土，浇透水后播种。营养土块育苗，首先将苗床浇水，第二天用刀把床土切成块，土块间隙用细土填满，播种前先浇水造足底墒。通常每营养钵或营养土块播种2～3粒，覆土2～3cm，播后覆盖塑料薄膜，然后放入设施内保温保湿出苗。

步骤 6　播后管理

播后设施内白天温度控制在 30℃左右，夜间不低于 15℃，以促进幼苗出土。正常温度下播后 7d 发芽，10d 左右出齐苗。齐苗后白天温度控制在 20～25℃，夜温在 12～15℃；保证充足的光照，苗期一般不追肥，但必须加强水分管理，土壤相对湿度 70％左右，防止苗床过干、过湿；注意预防病虫害，重点预防由于低温高湿引起的根腐病、蚜虫和根蛆；定植前 7d 进行低温炼苗，多通风，多见光，防止秧苗徒长。

豇豆苗龄不宜太长，一般 20～25d，苗高 20cm 左右，茎粗 0.3cm，真叶3～4 片，根系发达，无病虫害即达到适龄壮苗的标准，可以定植。

二、整地定植

步骤 1　适时定植

豇豆定植的适宜温度指标是 10cm 地温稳定通过 15℃，气温稳定在 12℃以上，温度低时可以加盖地膜或小拱棚，定植前 10d 左右扣棚烤地。

步骤 2　整地、施基肥、做畦

基肥一般每 667m² 施优质的有机肥 2 000～3 000kg、过磷酸钙 25～30kg、尿素 30kg，将肥料与土壤充分混匀，蔓生品种按 60～70cm、矮生品种按 40～50cm 的行距起垄或做畦，垄高 15cm 左右。

步骤 3　定植方法

冬春茬定植宜在晴天的上午10时至下午3时进行。在栽植垄上按株距25～30cm 打穴，每穴放 1 个苗坨（2～3 株苗），最后浇透水，水渗后覆土封严。

三、定植后管理

豇豆根深耐旱，生长旺盛，容易出现营养生长过旺的现象，一旦形成徒长，就会导致开花晚、结荚少。所以，在管理上要先控后促，防止茎叶徒长，培育壮株，延长结果期。若现蕾前后枝叶繁茂已明显影响到开花结荚，就需要通过对温度和水肥的调节，控制茎叶生长。

步骤 1　温度管理

定植后 3～5d 不通风，闷棚升温，促进缓苗；缓苗后，室内气温白天保持在 25℃左右，夜间不低于 15℃；秋冬茬生产，进入冬季后，要采取有效措施加强保温，尽量延长采收期；冬春茬生产，当春季外界温度稳定通过 20℃时，再撤除棚膜，转入露地生产。

步骤 2　水分管理

定植后要浇好稳苗水。秋冬茬缓苗期连浇 2 次水；冬春茬再分穴浇 2 次水，缓苗后沟浇 1 次大水，此后全面转入中耕锄划、蹲苗、保墒管理，严格控制浇水；现蕾时可浇 1 次小水，继续中耕锄划，初花期不浇水；第一个花序坐住荚后，几节花序相继出现时，要开始浇 1 次透水，之后等到下部的果荚伸长、中上部的花序出现时，再浇 1 次水；以后掌握见干见湿、浇荚不浇花的原则，大量开花后开始每隔 10d 左右浇 1 次水。

步骤 3　施肥管理

豇豆喜肥但不耐肥，施肥管理包括三个方面：一是施足基肥，及时追肥；二是增施磷、钾肥，适量施氮肥；三是先控后促，防止徒长和早衰。

植株营养是增加花序和成荚的关键，基肥充足，可促进根系生长和根瘤菌的活动，多形成根瘤，使前期茎蔓健壮生长，分化更多的花芽，为丰产打下基础，豇豆在开花结荚以前，对水肥条件要求不高，管理上以控为主，若基肥充足，便不再追肥，天气干旱时，可适当浇水。当植株第一花序豆荚坐住，其后几节花序显现时结合浇水追一次肥，每 667m² 施氮、磷、钾复合肥 10～15kg 或硫酸钾和磷酸二铵各 10kg；结荚后，保持土壤湿润，隔 1～2 周再结合灌水追肥一次，以保持植株健壮生长和开花结荚；进入豆荚盛收期，需要的水肥较多，可再进行一次灌水追肥，每 667m² 施尿素 10kg、过磷酸钙 20～25kg、硫酸钾 5kg 或草木灰 40kg，水肥供应不足，则植株生长衰退，出现落花、落荚。

步骤 4　植株调整

为调节豇豆营养生长，促进开花结荚，可采取整枝措施，包括：

（1）吊蔓。植株长到 30～35cm、5～6 片叶时，要及时吊蔓，使其引蔓生长；引蔓时切勿折断茎部，否则下部侧蔓丛生，通风不良，落花落荚，影响产量。

（2）抹侧芽。将主茎第一花序以下的侧芽长到 3～4cm 时全部掐掉，保证主蔓健壮，促进主蔓早开花。

（3）主蔓摘心（打顶）。主蔓长 15～20 节或爬到棚顶时摘除顶端生长点，控制株高，促进侧蔓的花芽发育、开花、结荚。

（4）打腰杈。主茎第一花序以上各节初期萌生的侧枝留 1 片叶摘心，中后期主茎上发生的侧枝留 2～3 片叶摘心，以促进侧枝第一花序的形成，利用侧枝上发出的结果枝结荚。

（5）侧枝摘心。第一个产量高峰期过去后，在距植株顶部 60～100cm 处，已经开过花的节位还会发生侧枝，也要进行摘心，保留侧花序。

（6）保护主副花芽。豇豆每一花序上都有主花芽和副花芽，通常是自下而上主花芽发育、开花、结荚，在营养状况良好的状况下，每个花序的副花序再依次发育，开花、结荚。

（7）剪去基部老叶。植株生长盛期，当枝叶繁茂时可分次剪去基部老叶。

四、适期采收

当荚条粗细均匀、籽粒未膨大、豆荚尚未纤维化时采摘，一般开花后 10～15d 嫩荚发育饱满，种子刚显露略鼓，荚果的表皮由深绿变为淡绿时开始采收，每隔 4～5d 采摘一次，盛荚期内间隔 1～2d 采摘一次；采摘时留下荚基部 1cm 左右，切勿碰伤小花蕾，以利后期荚果正常发育。

注意事项

（1）不要伤及花序枝。豇豆为总状花序，每个花序通常有 2～5 对花芽，但一般只结 1 对荚；若条件好、营养水平高，可以结 4 或 6 个荚，所以采收一定要保护好花序，严防伤及其他花蕾，更不能连花序柄一起拽下来。

（2）采收宜在早晚进行。严格掌握标准，使采收下来的豆角尽量整齐一致。

（3）采收中要仔细查找，避免遗漏。

▇ 知识评价

一、选择题（30 分，每题 6 分）

1. 豇豆苗期需肥少，但植株生长前期(结荚期)，应该适量供应（　　）；分枝期到盛花期对氮元素的吸收达到高峰,进入结荚期对（　　）的吸收量增加。

    A. 氮肥，磷、钾肥　　　　　　　　　B. 磷肥，氮、钾肥

    C. 钾肥，磷、氮肥　　　　　　　　　D. 氮肥，氮、钾肥

2. 在豇豆的种植过程中，管理从总体上是（　　）。

    A. 先控后促　　　　　　　　　　　　B. 先促后控

    C. 先控后促，以控为主　　　　　　　D. 先促后控，以控为主

3. 豇豆栽培时必须施（　　），它是豆科作物根瘤菌发育的必需元素。

    A. 氮肥　　　　B. 磷肥　　　　C. 钙肥　　　　D. 钾肥

4. 豇豆喜温，种子发芽适温（　　）℃，秧苗生长适温 20～25℃。

    A. 10～15　　　B. 15～20　　　C. 20～25　　　D. 25～30

5. 豇豆定植的适宜温度指标是 10cm 地温稳定通过（　　）℃，气温稳定在 12℃以上。

    A. 25　　　　　B. 20　　　　　C. 30　　　　　D. 15

二、判断题（30 分，每题 5 分）

1. 追肥要在豇豆第一层荚坐稳后，重追花荚肥。　　　　　　　　（　　）

2. 叶面喷施钼酸铵微肥可提高豇豆的产量和品质。 （ ）

3. 为提高种子的发芽势和发芽率，保证发芽整齐、快速，豇豆种植前应进行选种和晒种。 （ ）

4. 豇豆开花结荚期要求光照充足，否则会引起落花、落荚。 （ ）

5. 豇豆的胚根对温度和湿度很敏感，所以一般只浸种，不催芽。 （ ）

6. 豇豆采收一定要保护好花序，严防伤及其他花蕾，更不能连花序柄一起拽下来。 （ ）

三、理论与实践（40 分，每题 10 分）

1. 按照豇豆田间管理要求实际操作。

2. 按照豇豆播种育苗要求实际操作。

3. 按照豇豆整枝措施实际操作。

4. 简述豇豆适龄壮苗的标准。

■ 技能评价

在完成豇豆的生产任务之后，对实践进行评价总结，并在教师的组织下进行交流。

1. 在任务实践中遇到了哪些问题？你是如何解决的？

2. 根据自己掌握的知识，分析出现问题的原因。

3. 你认为在实践中哪些地方需要改进？

项目六

西芹的生产技术

■■ 学习目标

知识：1. 了解西芹的品种特性及优良品种。
    2. 了解西芹的生长发育过程及对环境条件的要求。
    3. 了解西芹的栽培季节和茬口安排。
技能：1. 学会安排西芹的栽培季节及茬口。
    2. 掌握西芹的生产管理技术。

■■ 基础知识

西芹以肥嫩的叶柄供食，其叶柄中含芹菜油，具芳香气味，可炒食、生食或做馅，有降压、健脑和清肠的作用。目前，西芹的栽培几乎遍及全国，是较早实现周年生产、均衡供应的蔬菜种类之一。

一、类型及品种

西芹又称洋芹，近年来从欧洲引进，在我国作为稀特蔬菜而发展迅速。西芹主要特点是叶柄多为实心，宽扁而较短，肥厚发达，味淡，爽脆，纤维少，可生食。依据叶柄颜色有绿色、黄色、白色、杂型 4 个品种群。

1. 黄嫩脆西芹　适合保护地及春、秋露地栽培。

特征特性：从定植到收获需 80d，植株高 75cm，叶柄宽厚肥大，色黄绿至黄白色，腹沟较浅，组织充实，第一节长 35cm 以上，质地脆嫩，纤维少。生长势强，耐抽薹，抗病性好，丰产潜力大，产量高，商品性极佳。

2. 文图拉（加州王）　美国进口品种，适于保护地及春、秋露地栽培。

特征特性：定植后 80d 收获，株高 80cm 以上，叶柄基部宽 2～3cm，腹沟浅、浅绿色、光泽好、纤维少、叶缘深裂、株型紧凑；冬性强，耐抽薹，抗病性好，产量高。

3. 如玉西芹　如玉西芹是文图拉西芹的变种。

特征特性：该品种具有高产、抗病、抽薹晚、分枝少、品质优、粗纤维少等优点，正常生产条件下叶柄实心、黄绿色，叶片及叶柄光度显著，商品性好。

4. 吉田魁冠西芹　适宜冬春季保护地栽培及春、秋露地栽培。

特征特性：定植后80d可收获，株高80～90cm，生长旺盛，尤其在低温下生长速度快，同时抗枯萎病，对缺硼症抗性较强。叶色翠绿，叶柄绿白色、有光泽，腹沟较宽平，基部宽4cm左右，叶柄第一节长30cm以上，株型抱合紧凑，品质脆嫩，纤维少。

5. 法国皇后　法国公司选育的品种，适宜保护地及露地种植。

特征特性：定植后70～75d收获，耐低温，抗病性强，色泽淡黄，有光泽，不空心，纤维少，商品性好。株型紧凑，株高80～90cm，叶柄长30～35cm，单株重1.0～1.5kg，产量高。

6. 优文图斯　适宜保护地及露地栽培。

特征特性：早熟，定植后70～75d收获，耐低温，冬性强，耐抽薹，抗病性强，产量高，叶柄黄绿色、有光泽，不易空心，纤维少，商品性好，株型紧凑，株高70～80cm。

7. 皇家西芹　美国最新育成的早熟西芹品种，适应性广泛，露地和保护地均可栽培。

特征特性：早熟性好，定植后70～75d收获。色泽淡黄，光泽度好，不空心，纤维少，商品性好，品质佳。耐低温，抗病性强。株型紧凑，株高80～90cm，叶柄长30～35cm，单株产量1.0～1.5kg。

8. 皇后　法国Terzier公司选育的品种，适宜保护地及露地种植。

特征特性：早熟，定植后70～75d收获，耐低温，抗病性强。株型紧凑，株高80～90cm，叶柄长30～35cm，色泽淡黄，有光泽、不空心、纤维少、商品性好、高产。

9. 开封玻璃翠　适于春、秋露地及保护地栽培。

特征特性：根系发达，叶簇直立，株高100cm左右，平均单株重500g。叶片肥大，叶色浓绿，叶柄表面光滑呈浅绿色，实心且质地脆嫩，纤维少，故称玻璃脆。高抗病毒病、叶斑病，耐热、耐寒、适应性强。

10. SG黄嫩西芹　由天津市宏程芹菜研究所杂交选育的西芹新品种，既有美国嫩脆西芹的优良品质，又具有津南实芹生长速度快、产量高的特点，是适宜我国大部分地区栽培的西芹优良新品种。

特征特性：一般株高 75cm，单株重 1～2kg，定植后 90～120d 收获。叶柄实心，黄绿色，腹沟浅，粗纤维极少，有光泽，品质脆嫩，生食口感好。具有生长速度快、分枝少、抽薹晚、适应性广、抗病性强、产量高等优点。

11. SG 抗病西芹　由天津市宏程芹菜研究所利用美国百利西芹杂交选育的西芹新品种，适宜我国大部分地区露地和保护地栽培。

特征特性：一般株高 70cm，单株重 1～2kg，定植后 90～120d 收获。株型紧凑，叶片大、深绿色，叶柄肥大、宽厚、实心、绿色、粗纤维少、品质好、产量高、抽薹晚，对病毒病、斑枯病和心腐病有较强的抗性。

12. SG 荷兰西芹　生长速度快，具有前期耐寒、后期耐热的特性，我国大部分地区一年四季均可种植。

特征特性：一般株高 70cm，单株重达 1.0～1.5kg，每 667m² 产量高达 10 000kg。叶绿色，叶柄宽厚、实心、粗壮，抱合紧凑，嫩黄绿色，表面光滑，有光泽，外形美观，商品性极佳，耐储运，表现抗病、高产、抽薹晚、分枝少、品质鲜嫩等优点。

13. 意大利冬芹　适合北方地区中小拱棚、改良阳畦及日光温室冬春及秋延后栽培。

特征特性：植株长势强，株高 85cm，叶柄粗大、实心，基部宽 1.2cm、厚 0.95cm，质地脆嫩，纤维少，药香味浓，单株平均质量 250g 左右。叶深绿色，叶柄绿色，长约 45cm，宽 2cm，单株质量 1kg 以上。苗期生长缓慢，后期生长快。可耐 -10℃ 短期低温和 35℃ 短期高温。

二、生长发育过程

1. 发芽期　种子萌动至第一片真叶出现，一般 10～15d。

2. 幼苗期　第一片真叶出现至 4～5 片真叶展开。此期西芹生长缓慢，多采用育苗移栽的方式栽培，一般 50～70d。

3. 叶丛生长期　4～5 片真叶展开至心叶开始直立生长，一般 25～30d。

4. 心叶肥大期　心叶开始直立生长至收获，适宜条件下需 25～30d，冬春季约 50d。

西芹植株经冬季贮藏后，第二年春季定植，在长日照及 15～20℃ 条件下可以抽薹、开花、结实。

三、对环境条件的要求

1. 对温度的要求　西芹喜欢月均温 15～22℃ 及湿润的环境条件，在高温、干旱条件下生长不良。不同的生长时期，对温度条件的要求不同。发芽期最适

温度为 $15 \sim 20℃$，低于 $15℃$ 或高于 $25℃$，则会延迟发芽的时间和降低发芽率。适温条件下，$7 \sim 10d$ 就可发芽。幼苗期对温度的适应能力较强，能耐 $-4 \sim -5℃$ 的低温。幼苗在 $2 \sim 5℃$ 的低温条件下，经过 $10 \sim 20d$ 可完成春化。幼苗生长的最适温度在 $15 \sim 23℃$；外叶生长的最适宜温度为 $18 \sim 24℃$；心叶肥大期适宜的温度为 $15 \sim 20℃$。温度超过 $23℃$ 容易发生软腐病和叶斑病，$27℃$ 以上叶柄容易空心，产量和品质下降。$10℃$ 以下生长缓慢，$3℃$ 以下停止生长，$-3℃$ 易冻害。

2. 对光照的要求 西芹种子发芽时喜光，有光条件下易发芽，黑暗条件下发芽迟缓。营养生长盛期喜中等强度光照，耐弱光能力强，光照过强植株容易老化，所以西芹适宜密植，冬季可在温室、小拱棚和阳畦中生产，夏季栽培需遮光。长日照可以促进芹菜苗端分化花芽，促进抽薹开花；短日照可以延迟成花过程，而促进营养生长。因此，在栽培上，春茬西芹适期播种，保持适宜温度和短日照处理，是防止抽薹的重要管理措施。

3. 对土壤及土壤养分的要求 西芹喜有机质丰富、保水保肥力强的壤土或黏壤土。对土壤酸碱度的适应范围为 pH$6.0 \sim 7.6$，耐碱性比较强。西芹的根系较浅，吸水能力弱，对土壤水分要求较严格，播种后床土要保持湿润，以利幼苗出土；营养生长期间要保持土壤和空气湿润状态，否则叶柄中厚壁组织加厚，纤维增多，甚至植株易空心老化，使产量及品质都降低。西芹要求较完全的肥料，在任何时期缺乏氮、磷、钾，都会影响芹菜的生长发育，苗期和后期需肥较多，初期需磷最多，钾对后期生长极为重要，可使叶柄粗壮、充实、有光泽，能提高产品质量；西芹对硼较为敏感，土壤缺硼时在叶柄上出现褐色裂纹，或发生心腐病。

四、栽培季节与制度

西芹在我国可进行周年生产。露地栽培有春、夏、秋三个茬口。设施栽培可利用小拱棚、塑料大棚、日光节能温室进行春提早、秋延后和越冬茬栽培。尤其是塑料大棚、日光节能温室秋冬茬芹菜供应元旦、春节市场，经济效益最好。在山西太原地区主要是利用日光节能温室与露地相配合进行西芹生产（表6-1）。

病害发生严重的地块要实行 2 年以上的轮作。

表 6-1 山西太原地区西芹栽培茬口安排

茬 口	播种期	定植期	供应期
日光温室越冬茬	7月上旬至9月上旬（露地育苗）	9月下旬至10月下旬	3月中下旬至4月上旬
春茬（露地）	2月上旬至3月下旬（设施育苗）	3月下旬至4月上旬	6月中下旬至7月上旬
日光温室早秋茬	4月下旬至5月上旬		9～10月

任务实施

一、品种选择

根据栽培季节、消费者的习惯选用适宜的西芹品种。越冬茬可以选择抗病、抗寒、丰产的优质品种；露地春茬可以选择耐抽薹、抗病、高产品种。

二、培育壮苗

（一）壮苗标准

苗龄 50～60d，苗高 15cm 左右，长有 5～6 片真叶，茎粗 0.3～0.5cm，叶色鲜绿，无黄叶，根系多而白，即为壮苗，可准备定植。

（二）培育壮苗

步骤 1　苗床准备

苗床要选择地势较高，便于排水灌溉、沙壤土的地块。地要整细，做成宽 1.2～1.5m 的畦。用没有种过芹菜的肥沃田土 6 份、充分腐熟的粪肥 4 份、每平方米苗床再加 0.5kg 三元复合肥与适量的微肥混匀过筛，装入苗床。

步骤 2　种子处理

夏秋季高温期育苗容易造成西芹种子出苗慢、发芽率低，因此不宜干籽直播，要浸种催芽。将种子用凉水浸泡 24h，如果有条件在浸种 12h 后加入复硝酚钠、赤霉素等种子萌发促进剂，继续浸泡 12h。然后将吸胀的种子清洗后捞出，用湿纱布包好，放在 15～22℃ 的条件下催芽，每天用凉水冲洗种子 1 次，待 70%～80% 的种子出芽后即可播种。

步骤 3　播种

夏季在早、晚或阴天播种，播后在畦面搭荫棚或使用遮阳网形成花荫，避免幼苗受到高温烈日的危害。

播种时先要浇足底水，水渗后撒一层过筛细土整平床面，然后将催好芽的种子均匀地撒于苗畦内。撒完籽后，再覆盖一层 0.5～1.0cm 厚的细土。每平方苗床用种 1.8～2.5g。

步骤 4　苗期管理

夏秋季育苗，出苗前保持苗床湿度，如果需要在清晨或傍晚用喷壶补充水分。大部分种子出苗后，先浇一小水后于傍晚撒去覆盖物。齐苗后要经常浇小水，保持畦面潮湿，床土过于干旱容易造成死苗，4 片叶时要适当控水，防止徒长。5～6 片叶可以定植。有蚜虫危害时及时喷药剂防治。

低温期温室育苗，播种后出土前苗床温度保持在 20℃ 左右，50% 幼苗出土撒去塑料薄膜。早春育苗时要避免 10℃ 以下的低温，预防先期抽薹。出苗后白天温度控制在 20～25℃，夜间温度控制在 13～15℃，定植前 10d 加大通风量降低昼夜温度进行炼苗，提高幼苗的适应性。

育苗期间为避免拥挤要进行间苗，第一次间苗在第一片真叶展开后，苗距 1.5cm；第二次间苗在 2～3 片叶时，苗距为 3cm，并结合间苗进行除草，防止草害，每次间苗后要喷一次小水。

三、合理密植

步骤 1　确定定植时期
各地区可根据当地的气候特点和幼苗的长势，选择定植时期。

步骤 2　整地、施基肥
定植前施足基肥，每 667m² 施优质腐熟的农家肥 5 000kg 以上、过磷酸钙 50kg、硼砂 15kg、三元复合肥 25kg 或磷酸二铵 25kg、硫酸钾 15kg，然后深翻 20～30cm，使肥土充分混合，耙平耙细后做 1.0～1.2m 宽平畦。

步骤 3　定植方法
定植前一天苗床要浇水，以利起苗。

通过合理密植，达到优质高产的目的。西芹叶片直立，单株产量潜力大，一般采用单株定植，根据单株大小确定定植的密度，单株 2kg 的大棵西芹株行距为 30cm 见方，单株 1.0～1.5kg 的中棵西芹株行距为（25～30）cm×20cm，单株 0.5kg 的小棵西芹株行距为（15～20）cm×20cm。

春季要选择在晴暖天气上午定植，边栽边浇水。定植时可用硼肥、钙肥溶液蘸根，可起到预防黑心病的作用。

定植的深度以土不埋没心叶为标准，不能太深。大小苗要分级定植并淘汰病虫危害苗和弱苗。

四、定植后的管理

步骤 1　缓苗期
春茬西芹栽培在此期正值低气温，定植水渗下后每隔 7d 左右连续锄地 3～4 次，以提高地温促进生根缓苗。

越冬茬定植后要勤浇小水，保持土壤湿润，并降低地温。

步骤 2　心叶开始直立生长后肥水管理
春茬西芹每隔 5～7d 浇一次水，保持土壤湿润，隔一水施一次肥，施肥以氮为主，配合磷、钾肥，每 667m² 施尿素或硫酸铵 20kg 或复合肥 25kg，使叶柄粗壮。

越冬茬缓苗后应控制浇水，进行10～15d中耕蹲苗，促进根系生长，防止徒长。蹲苗结束土壤见干后应及时浇水，浇后浅锄，并结合浅锄进行除草。蹲苗后气温逐渐降低，进入西芹适宜生长的季节，是产量形成的关键时期，应加强肥水的供应，均匀浇水保持土壤湿润，每10d随水冲施一次尿素或硫酸铵，每667m²用量为15kg。生长中后期叶面喷施0.5%的氯化钙溶液或1%的过磷酸钙溶液配合一定量的硼砂，连喷2～3次，预防黑心病。浇水后注意放风排湿。

步骤3　定植后生长期内的温度管理

白天气温降到10～12℃时扣膜，设施内一般白天温度保持在20～23℃，不超过25℃，气温超过25℃时，要及时通风降温。夜间最低气温尽量维持在5℃以上，降到6～8℃时，夜间要加盖草苫。西芹耐寒不耐冻，设施内出现0℃低温时会发生冻害，因此进入冬季要防范低温危害。

遇到连续阴雨天，如果连日不揭草苫，植株容易变黄，可选择在中午前后揭开草苫并早盖草苫。特别寒冷的天气揭苫前要检查西芹是否有冻害，如果有应该解冻后再揭苫。

五、病虫害防治

在生产过程中通过选用抗病品种、合理轮作、种子消毒、培育壮苗、及时摘除田间病叶，收获后及时清除病残体等农业技术措施可以起到预防病害发生的作用。药剂防治应在病害发病初期进行，可以达到最佳的防治效果。

露地春茬西芹主要是及时防治蚜虫和斑枯病（图6-1）。蚜虫可用黄板诱杀（图6-2，彩图17），初期采用50%抗蚜威2 000～3 000

图6-1　西芹斑枯病
（引自中国农资网）

倍液或20%氰戊菊酯3 000～4 000倍液喷雾防治。斑枯病可用百菌清、噁霜·锰锌矾、代森锰锌等可湿性粉剂或多菌灵·硫黄悬浮液药剂防治。

设施越冬茬预防菌核病（图6-3，彩图18）、软腐病等病害。菌核病在发病初期喷洒50%腐霉利2 000倍液或70%甲基托布津可湿性粉剂600倍液或50%多菌灵可湿性粉剂500倍液。软腐病在发病初期喷施72%硫酸链霉素2 000倍液或新植霉素3 000～4 000倍液或50%的丁戊己二元酸铜可湿性粉剂500～600倍液，隔7～10d喷一次，连续防治3～5次。

图 6-2　黄板诱杀害虫

图 6-3　西芹菌核病症状

六、采收及采后处理

步骤 1　确定采收时期

西芹植株高 60cm 以上时可根据市场行情随时收获。

步骤 2　采收及采后处理

西芹通常要齐地面整株割收，经过整理挑选、分级后装袋。西芹叶柄鲜嫩多汁，采收时要轻拿轻放，避免机械损伤而影响产品的商品性。

■ 知识评价

一、填空题（44 分，每空 2 分）

1. 西芹春季定植时用＿＿＿＿＿、＿＿＿＿＿溶液蘸根，可起到预防黑心病的作用。

2. 西芹育苗期间为避免拥挤要进行_____，第一次苗距_____；第二次苗距为_____。

3. 西芹通常根据单株的大小确定_____，单株 2kg 的株行距为_____，单株 1.0～1.5kg 的株行距为_____，单株 0.5kg 的行距为_____。

4. 设施内出现_____℃低温时西芹会发生冻害。

5. 露地春茬西芹主要预防_____、_____。

6. 西芹设施种植中定植后白天温度控制在_____℃，气温超过_____℃要及时_____，夜间气温维持在_____℃以上。

7. 西芹种子的覆土厚度为_____。

8. 西芹对_____元素较为敏感，土壤_____时在芹菜叶柄上出现褐色裂纹。

9. 西芹的发芽适宜温度为_____。

二、判断题（10 分，每题 2 分）

1. 遇到连续阴雨天为了保温不能揭草苫。　　　　　　　　　（　　）

2. 如果西芹出现冻害马上揭苫见光，以缓解症状。　　　　　（　　）

3. 西芹定植时要对幼苗进行大小分级，分别定植。　　　　　（　　）

4. 夏秋季节西芹育苗时通常采用干籽撒播。　　　　　　　　（　　）

5. 西芹生长后期增施适量的钾肥可使叶柄粗壮、充实、有光泽。（　　）

三、简答题（46 分）

1. 简述西芹的育苗技术要点。（10 分）

2. 简述西芹定植后的管理技术措施。（15 分）

3. 越冬茬西芹生产中发生菌核病、软腐病应如何进行防治？（16 分）

4. 西芹种植时如何选用品种？（5 分）

■ 技能评价

在完成露地春茬或越冬茬西芹栽培的生产任务之后，对实践进行评价总结，并在教师的组织下进行交流。

1. 在任务实践中遇到了哪些问题？你是如何解决的？

2. 根据自己掌握的知识，分析出现问题的原因。

3. 你认为在实践中哪些地方需要改进？

项 目 七

生菜的生产技术

学习目标

知识：1. 了解生菜的生长习性及优良品种特性。
2. 了解生菜的生长发育过程及对环境条件的要求。
3. 了解生菜的栽培季节和茬口安排。
技能：1. 学会安排生菜的栽培季节及茬口。
2. 掌握生菜播种育苗及田间管理的关键技术。

基础知识

生菜学名为叶用莴苣，是一年生菊科莴苣属植物，因可生食而得名，在我国南北各地普遍栽培，其病虫害较少，适合无公害生产。生菜叶片脆嫩爽口，略带莴苣素苦味。营养丰富，维生素 A、维生素 C、维生素 B_1、维生素 B_2 及钙、磷、铁等矿物质含量均高于一般瓜果类蔬菜，是生食蔬菜中的上品。

一、类型及品种

（一）类型

根据叶片形状可将生菜分为皱叶生菜、直立生菜、结球生菜。

1. 皱叶生菜　皱叶生菜叶片具有深裂，叶面皱缩，有松散的叶球或不结球，适应性较强，易栽培，如红叶生菜、玻璃生菜、美国大速生（图 7-1）。

2. 直立生菜　直立生菜又称散叶生菜，叶片全缘或有锯齿，外叶直立，一般不结球或有散叶的圆筒形或圆锥形叶球，生长期短，易栽培，无严格采收期，如意大利耐抽薹生菜、长叶生菜、牛油生菜等（图 7-2，彩图 19）。

3. 结球生菜　结球生菜叶片全缘，叶面平滑或皱缩，外叶开展，顶生叶

图 7-1 皱叶生菜

图 7-2 直立生菜

抱合成圆球形至扁球形的叶球，如前卫 75、广州青生菜、凯撒、大湖 659、奥林、达亚、爽脆、皇帝等（图 7-3）。

图 7-3 结球生菜

（二）品种介绍

1. 玻璃生菜 玻璃生菜又称软尾生菜，是广州农家品种，适春秋种植。

特征特性：不结球，叶簇生，株高 25cm；叶片近圆形，较薄，黄绿色，有光泽，叶缘波状，叶面皱缩，心叶包合，叶柄扁宽，白色；单株质量为 200～300g；质软滑，不耐热，耐寒。

2. 美国大速生 美国大速生的生育期为 45～60d。适应性广，适宜露地、保护地种植。

特征特性：植株半直立；叶翠绿色，叶面皱皮松散；株高 25cm 左右，开展度 40cm，单株质量 250g 左右；抗病、耐热、耐寒，抽薹晚。

3. 意大利耐抽薹生菜 意大利耐抽薹生菜是优良的耐抽薹生菜品种。

特征特性：早熟性好，生长期 45d 左右；叶片近圆形，大且厚，叶色青绿，散叶不结球；株型紧凑，生长势强，不易老化，产量高；具有抗病性强、耐热、耐寒、耐湿、耐抽薹等特点。

4. 凯撒　凯撒是由北京市特种蔬菜种苗公司 1987 年从日本引进的结球生菜品种。

特征特性：极早熟，生育期 80d；球质量约 500g，株型紧凑，生长整齐，球内中心柱极短；抗病性强，抽薹晚，高温结球性比其他品种强。肥沃土适宜密植，适合春、夏、秋季露地及大棚种植。

5. 抗热精英 F_1 生菜　抗热精英 F_1 生菜是越夏专用品种。

特征特性：散叶生菜，生长均匀一致，叶色亮绿，叶形美观，温度越高，褶皱越深；耐热，不抽薹，播种后 55d 左右收获。

6. 射手 101　射手 101 的适应性广，适合冷凉地区夏季种植，更适合冬季保护地种植。

特征特性：结球品种，叶边缘缺刻深，有光泽，外叶形成后开始结球，叶球丰圆形，单球质量为 700g 左右；抗病（抗干烧心和烧边）能力强，定植后 60d 左右收获。

7. 玉湖　玉湖是早熟品种，适于冷凉地区夏秋及温暖地区的初夏和秋季种植。

特征特性：外叶大小中等，缺刻较浅，植株松紧适度；品种稳定性好，球质量为 600～800g，球形整齐，球叶色浓绿；耐热性、耐病性强，抽薹晚。

8. 萨林娜斯　萨林娜斯由北京市特种蔬菜种苗公司 1987 年从美国引进。

特征特性：中早熟，生长旺盛，整齐度好，外叶较少，绿色，叶缘缺刻小，叶片内合，叶球为圆球形，绿色，结球紧实，单球质量 500g；品质优良，质地软脆，耐运输，成熟期一致，抗霜霉病和顶端灼烧病，适合春、秋露地和大棚栽培。

二、生长发育过程

生菜的生育周期包括营养生长和生殖生长两个阶段。

1. 营养生长　营养生长包括发芽期、幼苗期、发棵期及产品器官形成期，各期的长短因品种和栽培季节不同而异。

（1）发芽期。从播种至第一片真叶出现为发芽期。其临界形态特征为"破心"，需 8～10d。

（2）幼苗期。从"破心"至第一个叶环的叶片全部展开为幼苗期，其临界形态标志为"团棵"，每叶环有 5～8 枚叶片；该期需 20～25d，生长适温为 16～20℃。

（3）发棵期（莲座期）。从"团棵"至第二叶环的叶片全部展开为发棵期。

生长适温为 18～22℃。散叶品种无此期。

（4）产品器官形成期。此期内，结球品种从卷心到叶球成熟；散叶品种则以齐顶为成熟标志，需 15～25d。

2. 生殖生长 生菜苗花芽分化是营养生长转向生殖生长的标志。生菜在 2～5℃的温度条件下，10～15d 可通过春化阶段，长日照下通过春化阶段的速度加快；不同品种或同一品种，播期不同，致积温不同，也影响花芽的分化时期。花芽分化后，从抽薹开花到果实成熟为生殖生长阶段。开花 15d 左右瘦果即种子成熟。

三、对环境条件的要求

1. 对温度的要求 生菜属半耐寒性蔬菜，喜冷凉而忌高温。种子在 4℃以上开始发芽，发芽适温为 15～20℃，30℃以上高温会抑制种子的发芽。结球生长适温为 15～20℃，最适宜昼夜温差大、夜温较低的环境，结球生菜结球时，温度超过 25℃，叶球内部因高温会引起心叶坏死、腐烂。散叶生菜比较耐热，但高温季节同样生长不良，所以炎热季节可选用耐热品种，遮阳网遮阳栽培。

2. 对光照的要求 营养生长期光照充足有利于植株生长、叶片肥厚、叶球紧实；光照弱，则使叶薄、叶球松散、品质产量降低，因此温室栽培密度不能太大。

3. 对水分的要求 生菜叶薄、脆嫩，宜小水勤浇、薄浇。缺水时叶缘易焦枯，浇水用力过猛叶片易断裂，浇水过多易烂根、烂叶。幼苗期不能过干或太湿，太干容易形成老化苗，太湿容易形成徒长苗；发棵期要适当控制水分；结球期水分要充足，缺水时叶小、味苦；结球后期水分不要过多，以免发生裂球，导致病害。

4. 对土壤及土壤养分的要求 生菜喜微酸的土壤（pH6.0～6.3 最好），适宜在有机质丰富、保水保肥力强、透气好、排灌方便的壤土或轻质沙壤种植。生菜对氮、磷、钾养分要求以氮最多，钾次之，磷最少，栽植前基肥应多施有机肥，增施钾肥，使氮钾平衡；但幼苗期对磷敏感，这时期缺磷会使植株矮小、叶色暗绿。微量元素硼对生菜品质具有重要影响，缺硼使新叶叶脉、叶缘生长缓慢，叶面起皱反卷，叶色浓淡不匀，严重时叶尖、叶缘枯焦，顶芽生长受抑制或枯死；缺钙会出现烧心及叶球腐烂。因此，增施在补充氮、磷、钾的同时还必须补充微肥或喷施叶面肥。

四、栽培季节与制度

生菜在华北地区通过露地与设施相结合的种植方式可以达到周年生产。露地春茬在 2 月上中旬播种育苗，3 月下旬至 4 月中旬定植，5 月收获；秋季在 7 月下旬至 8 月上旬播种育苗，8 月下旬至 9 月上旬定植，10 月收获。秋冬茬可在 8 月下旬至 12 月分期播种育苗，并分期定植于日光温室，可在 12 月到翌年 4 月分批上市（表 7-1）。

生菜种植需要实行 3～5 年轮作。

表 7-1　生菜栽培茬口安排

茬　　次	播种期	定植期	收获期	品种类型
春茬（露地）	2 月上中旬（温室、拱棚）	3 月下旬至 4 月中旬	5 月	结球生菜
夏茬(露地遮阳)	5～6月(露地遮阳)	6～7月	7～8月	散叶生菜
秋茬（露地）	7 月下旬至 8 月上旬（露地）	8 月下旬至 9 月上旬	10 月	结球生菜
秋冬茬（温室）	8 月下旬至 12 月（温室）	9 月至翌年 1 月	12 月至翌年 4 月	散叶生菜 结球生菜

■ 任务实施

一、品种选择

生菜喜冷凉而忌高温，结合本地的实际情况，根据栽培季节选择适宜的品种。夏季种植生菜要选择耐热、不易抽薹的品种，如意大利耐抽薹生菜；温室种植选用耐寒、抗病品种。生菜种子寿命为 1～2 年，极易丧失发芽力，因此，最好用当年新种子播种。

二、培育壮苗

生菜种子价格高，且种子小，直播技术难掌握，出苗整齐度差，生产上采用育苗移栽方式栽培。苗龄 25～35d、幼苗有 4～6 片真叶时即可定植。

步骤 1　苗床准备

早春和秋冬季在温室、温床、阳畦等设施内育苗，夏季露地育苗，苗床要选择地势较高，便于排水灌溉的地块，苗床上搭小拱棚，覆盖塑料薄膜或遮阳网防雨降温。苗床一般做成宽 1.2～1.5m 的畦，长由地形决定。苗床土选用沙壤土，施足腐熟过筛的有机肥，整平、细、碎。

步骤 2　催芽

夏秋播种气温高，种子发芽困难，要进行低温催芽，处理方法为先用12～

16℃的凉水浸泡 6h 左右，搓洗捞取后用湿毛巾包好，置于 15～18℃ 温度下催芽，或者放于冰箱中（温度控制在 5℃ 左右），24h 后再将种子置于 15～18℃ 处保温催芽，或用 5mg/kg 的赤霉素溶液浸种 6～7h，洗净后催芽，80% 种子露白时播种。

步骤 3　播种

一般在晴天无风的上午播种，播种量为每 667m²0.75～1.50kg，适当稀播，利于培育壮苗。每 667m² 床苗，可提供 6670m² 大田栽植。

播前苗床或育苗盘浇足底水，水渗后撒一层 3～6mm 的过筛细干土，将种子与等量湿细沙混匀后撒播，然后覆盖一层 0.5～1.0cm 的细土，最后覆盖塑料薄膜保温保湿。

为预防苗期病害可以配制药土，每平方米苗床土用 50% 多菌灵加 50% 福美双 1∶1 混合 8～10g，或噁霉灵 1g 与 15～30kg 干细土混匀制成药土，播种时用 2/3 的药土铺底，1/3 的药土覆盖。

步骤 4　播种后的管理

1. 温度、水分管理　播种后温度控制在 15～20℃。80% 的幼苗出土后，白天温度保持在 18～20℃，夜间为 12～14℃。3 叶前如果底水充足，一般不需要浇水。

2. 分苗　当幼苗长到 2～3 片真叶时进行分苗，分苗前先浇一水，利于取苗，分苗畦应与播种畦一样精细整地、施肥、整平，按 6～8cm 见方将幼苗移植到分苗畦。

3. 分苗后管理　分苗后随即浇水，并提高温度 3～5℃，利于缓苗；缓苗后，适当控水，以利发根、苗壮；分苗后，可以用 500 倍的磷酸二氢钾溶液叶面喷施或随水浇灌，可有利于培育壮苗。冬春季大棚或露地育苗要注意苗床保温，同时应控制浇水量，防止湿度过大引发苗期病害；夏季露地育苗，注意用遮阳网或秸秆覆盖，起降温和保持土壤湿润的作用。

4. 预防苗期病害　苗期可以喷 1～2 次 75% 百菌清可湿性粉剂或 70% 甲基硫菌灵可湿性粉剂 600～800 倍液。

三、定植移栽

步骤 1　整地、施基肥

生菜根系浅，须根发达，根群主要分布在地表 20cm 土层内，以有机质丰富、保水保肥力强、透气好、排灌方便的土壤种植为优。基肥应以有机肥和复合肥混施，每 667m² 施充分腐熟的有机肥 4 000～5 000kg、过磷酸钙 40kg、复合肥 50kg。

步骤 2　定植技术

栽植深度以不埋住心叶为宜，结球生菜株行距 30～33cm 见方，皱叶和直立型生菜株行距 20cm 见方。定植前一天浇水以利取苗，取苗时带土护根，及时移栽并浇定植水。高温季节定植，应在下午 16 时后移栽，并覆盖遮阳网，覆盖遮阳网要依"白天盖、晚上揭，雨天盖、阴天揭"的原则。

四、田间管理

步骤 1　温度管理

幼苗定植后的缓苗阶段，温室气温可稍高，白天为 22～25℃，夜间为 15～20℃；缓苗后到开始包心以前，温度可稍低，白天为 20～22℃，夜间为 12～16℃；从包心开始到叶球长成，温度白天控制在 20℃左右，夜间在 10～15℃；收获期间为延长供应期，温度白天控制在 10～15℃，夜间在 5～10℃。生菜不耐高温，当气温超过 25℃时要通风或遮阳降温。

步骤 2　中耕蹲苗

栽植后及时浇缓苗水，定植缓苗后，中耕控水，进行蹲苗 7～10d，促进生根，但绝不可蹲苗过重，影响产量。生菜的茎叶柔嫩多汁，中耕过程中要避免损伤茎叶和根系，否则易感染病害。

步骤 3　肥水管理

蹲苗结束后开始肥水管理，定植缓苗后追施一次缓苗肥，浓度要稀一点，每 667m² 可随水追施尿素 10kg，随后要保持畦面湿润，地面不能过干过湿，收获前 30d 停止追施速效氮肥可避免叶片内硝酸盐含量超标。对于结球生菜在团棵期、包心期各施肥 1 次，每 667m² 施尿素 5～8kg，随水冲施，但不能施用过多，以防干烧心；在心叶内卷初期可叶面喷施 0.1% 的磷酸二氢钾和 0.1% 的尿素及微量元素以提高品质；结球后期根据植株的生长情况再适当施 1 次重肥，可冲施三元复合肥 15～20kg，促使包心紧实。若叶片较直立、叶质较硬、叶面略显白色蜡粉时为缺肥症状，要及时追肥和浇水。

生菜怕水涝，雨后必须及时排水，菜畦内不能有积水。在夏季热雨过后要及时用井水浇园。

步骤 4　植株管理

在气温高、湿度大的情况下，在叶面无水滴时将近地面的老叶、黄叶、残叶摘掉，以防止感染病害。

步骤 5　病虫害防治

病虫害防治总的原则是预防为主、综合防治。尽可能通过选用抗病品种、培育壮苗、合理的定植、农家肥充分腐熟、清洁田园、调节控制好温湿度等预防措施，药剂防治应选用高效、低毒、低残留农药，选择最佳的防治时机，可以达到最好的防治效果。

1. 生菜缺硼 缺硼属于生理性病害，新叶叶脉、叶缘生长缓慢，叶面起皱反卷，叶色浓淡不匀，严重时叶尖、叶缘枯焦，顶芽生长受抑制或枯死。在生产中可增施硼砂作基肥或叶面喷施硼肥。

2. 生菜霜霉病 霜霉病在设施内发生严重，最初叶上生淡黄色近圆形或多角形病斑。潮湿时，叶背病斑长出白霉，有时白霉会蔓延到叶片正面，后期病斑枯死变为黄褐色并连接成片，致全叶干枯（图7-4，彩图20）。

图7-4 生菜霜霉病症状

防治措施：收获后彻底清除病、残、落叶集中妥善处理。采用高畦、高垄或地膜覆盖栽培，适当稀植，浇小水，严禁大水漫灌，雨后及时排水。发病初期可选用69%烯酰吗啉·锰锌可湿性粉剂800～1 000倍液、72%霜脲·锰锌可湿性粉剂600～800倍液、25%甲霜灵可湿性粉剂800倍液等药剂喷雾防治，间隔7d喷药一次，连续防治2～3次。

3. 生菜菌核病 菌核病主要在设施内发生，常见于生菜的茎基部，染病部位多呈褐色水渍状腐烂，湿度大时，病部表面密生棉絮状白色菌丝体，后期形成菌核。菌核初为白色，后逐渐变成鼠粪状黑色粒物（图7-5，彩图21）。

图7-5 生菜菌核病症状

防治措施：合理施肥，农家肥必须充分腐熟；定植苗多带土，减少根系的损伤；提高地膜覆盖的质量，使膜紧贴地面，避免杂草滋生；及时摘除病叶或拔除病株后深埋；发病初期喷洒70％甲基硫菌灵可湿性粉剂700倍液、50％异菌脲可湿性粉剂1 500倍液、50％腐霉利可湿性粉剂1 500倍液、40％菌核净可湿性粉剂500倍液，每7d喷一次，连续防治3～4次。

4. 生菜软腐病 软腐病在生菜生长中后期或结球期开始发生，多从植株基部伤口处开始侵染，主要为害结球生菜肉质茎或根颈部。肉质茎染病，初生水渍状斑，深绿色不规则，后变褐色，迅速软化腐败。根颈部染病，根颈基部变为浅褐色，渐软化腐败，病情严重时可深入根髓部或结球内（图7-6，彩图22）。

防治措施：设施内控制浇水，当棚内湿度大时蔓延速度加快；清理下部老叶，因为老叶贴地面生长，

图7-6 生菜软腐病症状

导致植株底部的空气流通性差，极容易感染；对于发病严重的植株，应将整株进行清除，将病株周围的土壤使用石灰或铜制剂进行杀菌；药剂防治可用丁戊己二元酸铜乳剂800～1 000倍、72％农用链霉素3 000倍液、25％叶枯唑500倍液进行喷雾。

五、采收

散叶生菜的采收期比较灵活，采收规格无严格要求，可据市场需要而定。结球生菜的采收要及时，根据不同的品种及不同的栽培季节，在定植后40～70d，叶球包合紧实，单株产量、品质最高时收获，收获时自地面割下，剥除外部老叶，除去泥土，保持叶球清洁。

▣ 知识评价

一、选择题（15分，每题5分）

1. 生菜对（　　）需求最多，（　　）次之，（　　）最少，应注意增施钾肥，使氮、钾平衡。

　　A. 钾、氮、磷　　　　　　　　　　B. 氮、钾、磷

C. 磷、氮、钾　　　　　　　　　　D. 钾、磷、氮

2. 生菜缺（　　）常使新叶叶脉、叶缘生长缓慢，叶面起皱反卷，叶色浓淡不匀，像花叶病毒病症状。

　　A. 钾　　　　　　B. 氮　　　　　　C. 磷　　　　　　D. 硼

3. 生长期可适当叶面喷施（　　），提高抗病能力和食用品质。

　　A. 磷酸二氢钾　　　　　　　　　B. 尿素

　　C. 蔗糖　　　　　　　　　　　　D. 硼肥

二、判断题（35 分，每题 7 分）

1. 生菜需要较多的氮肥，栽植前基肥应多施有机肥。　　　　　　　　（　　）

2. 生菜属半耐寒性蔬菜，喜冷凉、湿润的气候条件，不耐炎热。　　（　　）

3. 在 7～8 月，生菜种子播种前一般要进行催芽处理。　　　　　　　（　　）

4. 生菜喜冷凉忌高温，一般种子在 4℃以上开始发芽，发芽适温为 15～20℃，30℃以上高温会抑制种子的发芽。　　　　　　　　　　　　（　　）

5. 生菜发棵期，要适当控制水分，结球期水分要充足，缺水叶小、味苦。结球后期水分不要过多，以免发生裂球，导致病害。　　　　　　（　　）

三、理论与实践（50 分，每题 25 分）

1. 按照生菜育苗要求进行实际操作。

2. 按照生菜田间管理要求进行实际操作。

■ 技能评价

在完成生菜的生产任务之后，对实践进行评价总结，并在教师的组织下进行交流。

1. 在任务实践中遇到了哪些问题？你是如何解决的？

2. 根据自己掌握的知识，分析出现问题的原因。

3. 你认为在实践中哪些地方需要改进？

项目八

空心菜的生产技术

■ 学习目标

知识：1. 了解空心菜的品种特性及优良品种。

2. 了解空心菜的生长发育过程及对环境条件的要求。

3. 了解空心菜的栽培季节。

技能：1. 学会安排空心菜的种植茬口。

2. 掌握空心菜的育苗、田间管理技术。

■ 基础知识

空心菜（图 8-1，彩图 23）学名为蕹菜，一年生或多年生蔓性草本植物，以嫩梢、嫩叶供食用，品质柔嫩，含有人体必需的 8 种氨基酸和多种维生素、矿物质，而且具有清暑祛热、利尿凉血、解毒等功效。空心菜原产我国热带多雨地区，南方地区种植最多，近年来，北方作为夏季堵淡的主要绿叶蔬菜，深受种植者和消费者的欢迎，种植面积不断扩大。

图 8-1 空心菜

一、类型及品种

（一）类型

1. 根据能否结籽分类 空心菜分为子蕹和藤蕹。

（1）子蕹。植株生长势旺，茎蔓粗，叶片大、色浅绿，夏秋能开花结籽，主要采用播种繁殖，也可扦插繁殖，是北方主要种植类型，如广东大骨青，湖南、湖北的白花蕹菜和紫花蕹菜，四川的旱蕹菜等。

（2）藤蕹。为不结籽类型，采用茎蔓扦插繁殖，质地柔嫩，品质优于子蕹，生长期长，产量较高，如广东的细叶通菜、丝蕹，湖南的藤蕹，四川的大蕹菜等。

2. 根据对水的适应性分类　空心菜分为旱蕹和水蕹两种类型。

（1）旱蕹。旱蕹品种适于旱地种植，质地细密，风味较淡，子蕹多属此类型。

（2）水蕹。适于深水或浅水种植，茎粗叶大，脆嫩味浓，藤蕹多属此类型，如杭州的白花籽蕹，广州的大鸡白、剑叶，温州空心等。

（二）品种介绍

1. 333 台湾竹叶空心菜

特性特征：梗半青白，叶片细长、纤维少，耐热抗病；每隔15d可采收一次，能连续采收，产量高。

2. 泰国柳绿空心菜

特征特性：从泰国引进，叶片呈柳叶状，茎翠绿，质柔嫩，纤维少；生长速度快，30～35d即可上市；抗逆性强，耐旱、耐涝，病虫害少，产量高。

3. 大叶空心菜

特征特性：株高25cm，开展度28cm；茎蔓生，叶绿色，长圆形，叶柄长8cm，单株质量为30g左右；适应性广，抗逆性强；生长速度快，一茬种植，多茬采收。

4. 白骨柳叶空心菜

特征特性：株高40～45cm，开展度20cm，叶细长柳叶形，绿色，梗骨淡青白色；质嫩脆、味香、品质优良；早熟，抗病、耐寒；热带地区全年可播种，可延续采收半年以上，播种至初收约40d。

5. 青骨柳叶空心菜

特征特性：株高40～45cm，开展度20cm，叶细长柳叶形，绿色，梗骨青油色；早熟，抗逆性强、耐寒；质地清脆，品质优良；热带地区全年可播种，播种至初收约40d。

6. 水仙白骨柳叶空心菜

特征特性：该品种系闽南地区农家品种单株选育而成，节间疏长，梗粗、白绿色、油亮、质脆、口感好。叶片狭长柳叶形，约20cm，叶色淡绿，多次采收不易变大，生长速度快。

7. 青秀台选竹叶空心菜

特征特性：从台湾农家优良品种中单株选育而成，叶片翠绿狭长似竹叶，梗骨油青、有光泽、质柔嫩、清脆爽口；生长迅速，耐热，抗风雨、抗病能力强，不易开花。

8. 玉立竹叶空心菜

特征特性：为泰国进口竹叶空心菜，叶细尖长，近似竹叶形，叶子整齐，梗青色；生长迅速，抗热，耐旱，耐收割，收获期长；旱地、沙地、水田均可种植。

二、形态特征

空心菜根系发达，种子繁殖的主根入土深 25cm 以上，扦插繁殖的为须根系，不定根入土深 35cm。根系再生力较强。茎蔓性，圆形或扁圆形，中空，匍匐生长；侧枝萌发能力强，茎节上易生不定根，扦插容易成活，故可以扦插繁殖。花白色或微带紫色，完全花。空心菜为蒴果，每果具圆形种子 2～4 粒，种皮厚而硬，呈褐色，千粒重为 32.0～46.7g，使用年限 1～2 年。

三、对环境条件的要求

1. 对温度的要求　空心菜喜温暖湿润气候，耐热而不耐寒，能耐 35～40℃的温度，15℃以下生长缓慢，10℃以下生长停滞，遇霜冻茎叶枯死。种子 15℃开始发芽，发芽适温为 20～25℃，幼苗生长适温为 20～25℃，产量形成期生长的适温为 25～30℃。

2. 对光照的要求　空心菜对光照要求不严格，较耐荫蔽，充足的光照条件有利于空心菜的生长及产量的形成，但光照度不宜过大，否则影响空心菜的品质。

开花结实要求高温、短日照，所以在北方地区种植难以开花结籽。

3. 对水分的要求　空心菜喜欢较高的空气湿度和土壤湿度，不耐旱，干旱容易使嫩茎纤维化，品质粗糙，商品性降低。

4. 对土壤及土壤养分的要求　对土壤要求不严格，喜肥、喜水，宜选保肥保水力强的黏壤土种植；对氮肥的需求量大。

四、栽培季节与制度

根据空心菜对温度的要求，露地种植在无霜期内可随时用种子直播，北方地区常作夏连秋旱地种植，填补 8～9 月的蔬菜供应淡季。为延长供应期，提早收获，采用育苗方法，利用设施进行春提早、秋延后种植。

空心菜种植需要实行 3～5 年轮作。

任务实施

一、品种选择

空心菜在北方以旱栽为主，通常选用子蕹类型。

二、整地、施底肥、做畦

深翻 30cm 左右，结合撒施充分腐熟农家肥 2 500～3 000kg，草木灰 50～100kg 或硫酸钾 10kg，肥翻入土中，做成宽 1.2～1.4m 的平畦。

三、育苗及定植

步骤 1　苗床准备

根据苗床面积与大田面积 1：10～15 的比例准备苗床的大小，地要整细，做成宽 1.0～1.2m 的畦。

步骤 2　种子处理

100m² 的苗床用种量通常为 2～3kg。

早春播种时会因土壤温度低而发芽慢，如遇长时间的低温阴雨天气，则会引起种子腐烂，最好进行温汤浸种、催芽。种子浸泡时间 6～8h，捞起洗净后放在 25℃ 左右的温度下催芽，当有 50％～60％ 的种子露白时即可进行播种。

步骤 3　播种

苗床浇足底水，种子采用撒播方式播种，播后覆土厚 2cm，太浅时易出现"戴帽"苗。盖塑料薄膜保温保湿，以利出苗。

步骤 4　苗期管理

苗床白天温度保持在 25～28℃，夜间为 15～18℃。幼苗长到 3～5cm 高时可叶面喷 0.3％ 的尿素，苗期分别追施 1～2 次稀肥。整个苗期经常保持土壤湿润。播后 40～50d，苗高 15～20cm，4～5 片叶时可以定植。

步骤 5　定植

在整好的平畦上按 13～15cm 见方定植，每穴栽 2～3 株，每 667m² 栽苗 4 000～5 000 株。

四、直播

空心菜在早春浸种催芽后播种，夏季播种一般采用干籽直播的办法。

空心菜采用撒播或条播、穴播。一般每 667m² 用种量为 5～10kg。撒播要均匀，不宜太密。条播、穴播时，行穴距为 10cm×10cm，每穴 4～5 粒种子。

幼苗出土前保持土壤湿润，勤浇水，经过 5～7d 即可出齐苗。

五、扦插

从苗高 33cm 的植株上截取 15～20cm 长、带有 6～7 片叶的顶梢作为插条，按 15～20cm 见方开穴，将插条斜插入土中 4～5 节，深 6～7cm，压紧表土，2～3 片叶露出地表，每穴可插 2～3 株，保持土壤湿润，3～4d 后成活。

六、田间管理

步骤 1　中耕除草
空心菜齐苗或定植、扦插成活后以及生长期浇水后，应及时中耕、清除杂草。

早春日光温室定植的空心菜缓苗后浇缓苗水，但水量不能过大，水后及时进行中耕。

步骤 2　肥水管理
空心菜栽培时要求土壤要保持湿润。

根据植株的生长和采收状况进行追肥。通常每隔 1～2 次水追一次肥，以氮肥为主，量不需要很大。空心菜开始采收后，每次采收后 2～3d，伤口愈合，开始追肥浇水，每 667m^2 随水冲施硫酸铵或尿素 10～15kg，同时搭配施用一定的磷、钾肥，以促进侧枝的萌发、生长，有利于提高产量和品质。

步骤 3　病虫害防治
空心菜病虫害防治把握以预防为主、综合防治的原则。采用搞好田园清洁，选用抗病品种，施用充分腐熟的农家肥等综合措施；药剂防治应选用高效、低毒、低残留农药。空心菜发生的病虫害主要有白锈病（图 8-2）、蚜虫、菜青虫、斜纹夜蛾幼虫等。白锈病在发病初期可用 58％甲霜灵·锰锌可湿性粉剂 500～700 倍液或 64％噁霜·锰锌可湿性粉剂 500 倍液或 25％甲霜灵可湿性粉剂 800 倍液或 72.2％霜霉威盐酸盐水剂 800 倍液或 69％安克·锰锌可湿性粉剂 800 倍液或 72％霜脲·锰锌可湿性粉剂 800 倍

图 8-2　空心菜白锈病

液喷雾防治，通常每 7～10d 喷一次药，连喷 2～3 次；蚜虫用 10％吡虫啉可湿性粉剂 1 500～2 000 倍液喷雾防治；菜青虫、斜纹夜蛾幼虫可用 20％氰戊菊

酯4 000倍液或1.8%阿维菌素2 000倍液防治。

七、采收

步骤1 确定采收时期

春季直播后1.0～1.5个月、夏季15～20d，幼苗长到20～25cm，可开始采收；定植或扦插1个月后开始采收。

步骤2 采收

直播空心菜的第一次采收嫩梢时要将主蔓齐基部采收，留2个侧蔓生长；定植或扦插的空心菜第一次采收时基部要留2～3节，以促进萌发较多的侧蔓。以后每当蔓长到20cm左右时即可采收一次。要随采随捆把上市，以免萎蔫。

■ 知识评价

一、填空题（45分，每空5分）

1. 空心菜种子的千粒重为_____。

2. 空心菜可以采用_____和_____的繁殖方法。

3. 空心菜喜温暖湿润气候，耐热而_____，北方露地种植茬口为_____，填补8～9月的蔬菜供应淡季。

4. 空心菜种子的发芽适温为_____℃，幼苗生长适温_____℃，产量形成期生长的适温为_____℃。

5. 空心菜种子播后的覆土厚度为_____ cm。

二、简答题（55分）

1. 如何选择空心菜品种？请说出6个优良品种。（20分）

2. 空心菜如何进行扦插繁殖？（15分）

3. 简述空心菜播种后的田间管理技术要点。（20分）

■ 技能评价

在完成空心菜的生产任务之后，对实践进行评价总结，并在教师的组织下进行交流。

1. 在任务实践中遇到了哪些问题？你是如何解决的？

2. 根据自己掌握的知识，分析出现问题的原因。

3. 你认为在实践中哪些地方需要改进？

项 目 九

茼蒿的生产技术

学习目标

知识：1. 了解茼蒿的品种类型及特征特性。
  2. 了解茼蒿对环境条件的要求。
  3. 了解茼蒿的栽培季节和茬口安排。
技能：1. 学会安排茼蒿的栽培季节及茬口。
  2. 掌握茼蒿生产管理的关键技术。

基础知识

茼蒿（图9-1，彩图24）又称为蓬蒿、蒿菜，原产于我国，为菊科一年生草本植物。茼蒿的食用部位为嫩茎叶，其纤维少，品质优良，具有特殊的清香气味，含有丰富的维生素和矿物质。茼蒿还有一定的药用价值，根、茎、叶都可以入药，有清凉明目、润肺清痰的作用。

图9-1　茼　蒿

一、类型及品种

（一）类型

1. 大叶茼蒿　大叶茼蒿又称圆叶茼蒿，其叶片宽大，叶肉厚，香味浓；耐寒力较弱，但较耐热；生长速度慢，生长期长，熟期晚，产量较高。

2. 小叶茼蒿　小叶茼蒿又称细叶茼蒿，其叶狭小、缺刻多且深，叶片薄，嫩枝细；耐寒力强，生长快，分枝多，成熟早，生长期为40～50d。

3. 蒿子秆　蒿子秆的叶片狭小，茎细，主茎直立、发达，为嫩茎用种。

(二)品种介绍

1. 东洋花叶光秆茼蒿

特征特性：叶碎、花叶，叶缘缺刻深，香味浓郁；耐寒，较耐热，生长快，适应性广；在温度为10～30℃条件下均能生长，30～35d可收获。

2. 协和3号　特征特性：中叶品种，叶色浓绿、有光泽，茎秆空心率极低，侧枝发生多，质地柔软；产量高，抗病性强。

3. 大江户茼蒿　大江户茼蒿适宜露地栽培的中叶品种。

特征特性：植株叶细、绿色，节间短，侧枝多；生长速度快，香味浓，产量高；耐寒性强，不适宜夏季播种。

4. 美浓茼蒿

特征特性：植株直立，茎秆细长，实心光秆，无分枝，底部无杂叶，叶小而薄；生长速度快，适应性强，耐热、耐寒、耐湿，抗逆性较强，播后40d左右可采收；每667m² 用种量为5～6kg，一年四季均可播种。

5. 真美小叶茼蒿　真美小叶茼蒿为小叶类型。

特征特性：茎秆白绿色，分枝力弱；叶片深绿色，叶长12cm、宽5cm左右，叶缘缺刻较深；香味浓，品质优良；抗逆性强，生长期较短，一般从播种到收获需30～40d。

6. 满香光秆茼蒿　满香光秆茼蒿由地方品种提纯而成。

特征特性：茎淡绿色，高30～40cm；叶色浓绿，叶小而薄、匙形，叶缘有缺刻；纤维少，品质好；一般从播种到收获需30～40d，每667m² 产量为2 500kg以上，适应性强，生长速度快，适宜在全国各地种植。

二、对环境条件的要求

1. 对温度的要求　茼蒿属于半耐寒性蔬菜，在冷凉湿润的环境下生长良好。种子在10℃就可发芽，发芽的适宜温度为15～20℃；生长适温为18～20℃，在29℃以上时生长不良，纤维多，品质差，12℃以下时生长缓慢，可忍耐短时间0℃左右的低温。温度低时生长期会延长至60～70d。

2. 对光照的要求　茼蒿生长发育对光照要求不严格，较耐弱光，但长期弱光影响其生长势，容易感染病害。较高温度和12～14h以下的短日照条件下易引起茼蒿抽薹开花，因此夏季栽培需做好品种选择。

3. 对水分的要求　茼蒿属浅根性蔬菜，生长速度快，生长发育过程中要求有充足的水分供应，土壤要经常保持湿润，土壤相对湿度要求为70％～

80%，空气相对湿度在90%左右较适宜。

4. 对土壤及土壤养分的要求　茼蒿对土壤要求不严，普通土壤均能生长，但以肥沃、疏松、排水良好、pH5.5～6.8的沙土壤为宜，肥料以氮肥为主，但不宜使用碳酸氢铵。

三、栽培季节

在北方茼蒿一年四季均可种植，一般以春、夏、秋三季露地为主，冬季和早春以保护地栽培为主。秋播生长期长，产量高；夏季由于温度高，产量低、品质差。

■ 任务实施

一、茬口安排与品种要求

根据茼蒿的栽培季节和品种特性进行品种的选择，二者必须结合，否则会出现品质、产量和效益降低等问题，同时在生产实际中市场需求也是必须要考虑的因素。早春可利用塑料小拱棚提早播种，在春季塑料大棚果菜上市前抢一茬早茼蒿。

茼蒿设施栽培主要选用小叶类型品种；露地种植可根据气候条件选择，春季用小叶类型，秋季用大叶类型；同时茼蒿较耐寒，在塑料大棚和日光温室中基本能做到全年种植。

二、整地、施肥

茼蒿栽培最好选择沙壤土且前茬未施用长残效除草剂的地块。每667m²施入腐熟农家肥1 500～2 000kg、尿素15kg、磷酸二铵25kg、硫酸钾5～10kg或复合肥50～60kg。将肥料均匀地撒在田内，翻耕耙平，使肥料与土壤充分混合均匀，然后做好平畦，便于浇水，畦的长宽据实际条件而定。

三、播种

步骤 1　确定播种时间

1. 春茬　当10cm的土温回升到7～8℃时可以播种。春季露地直播可在5月上旬扣小拱棚或地膜播种。塑料小拱棚比露地春茬提前15～20d播种。

2. 秋茬　一般在8～9月播种，可分批、分期进行播种。塑料棚秋延后栽培比露地栽培晚播20～30d，幼苗在露地生长。

步骤 2　浸种、催芽

1. 春茬　播种前 3～4d，采用温汤浸种处理，浸种时间为 24h 处理后捞出稍晾，置于 15～20℃ 条件下催芽，催芽期间每天用清水投洗 3 次，种子露白时播种。新种子要提前置于 0～5℃ 条件下处理 7d 左右，以打破休眠。

2. 秋茬　采用冷水浸种 24h，然后置于发芽适温下催芽。每 667m² 播种量为 2.5～3kg。

步骤 3　播种方法

1. 春茬　生产中一般进行直接撒播，一般每 667m² 用种 2kg 左右，为节省种子，也可用细沙与种子按照 1∶1 或 2∶1 的比例混匀进行播种。播前浇透水，播后覆 1cm 细土，耙平镇压。播种至发芽出苗一般需 5～7d。

播种时用药土覆盖，可有效防治苗期猝倒病。常用药剂有多菌灵、甲基托布津，每平方米苗床药剂用量为 8～10g，将药剂先与少量土壤充分混匀再与计划的土量进一步拌匀后使用。

2. 秋茬　一般按 10～12cm 行距条播，覆土 1.0～1.5cm，播后浇水，也可以进行撒播。

四、田间管理

步骤 1　温度管理

1. 春茬　设施内栽培出苗前不放风，出苗后温度控制在 17～20℃，白天气温超过 25℃时要及时放风防止幼苗徒长。

2. 秋茬　当外界气温降到 12～15℃时扣棚，白天棚室温度超过 25℃时放顶风，夜间棚室温度降到 8℃左右时要盖草苫保温。

步骤 2　间苗、除草

幼苗 1～2 片叶时进行间苗并拔除杂草，苗距保持 2cm。

步骤 3　肥水管理

第一次间苗时浇水一次，苗期适当控水防止猝倒病。幼苗在苗高 8～10cm 时开始进入旺盛生长阶段，此期要加强肥水供应，随水追施速效氮肥，如每 667m² 追硫酸铵 15～20kg 或尿素 10kg，并保持土壤湿润。也可用 0.1% 的尿素和 0.1% 的磷酸二氢钾叶面喷施。

春茬设施内为了尽快提高土温，一般 8 片叶之前不追肥灌水，10 片叶后肥水齐攻，利于形成产量，灌水后要注意通风。

秋茬在扣棚前 1～2d 要追肥灌水。

步骤 4　病虫害防治

茼蒿病害主要有霜霉病、病毒病、叶枯病；虫害主要是蚜虫、斑潜蝇。应从农业防治如加强田间管理、搞好田园清洁、选用抗病品种等方面入手，合理施肥、浇水，避免忽大忽小；温度管理不忽高忽低，促进植株健康生长，减少病虫危害和农药施用。

农药应选用高效、低毒、低残留农药。在发病初期，霜霉病可用 64％噁霜·锰锌可湿性粉剂或 75％百菌清可湿性粉剂 500 倍液喷雾；叶枯病可用 50％异菌脲可湿性粉剂1 500倍液或 50％多菌灵可湿性粉剂1 500倍液喷雾，一般 7～10d 喷一次，连喷 2～3 次，两种农药要交替使用。

蚜虫和斑潜蝇防治最好的方法是在棚室或田间悬挂黄板，悬挂在高于植株生长点 10cm 处，当黄板上黏虫面积达 60％以上时，应及时清除粘板上的害虫或更换黄板。防治蚜虫的药剂可用 10％吡虫啉乳油1 000～2 000倍液或 4.5％高效氯氰菊酯1 500倍液等喷雾。斑潜蝇可用 2.5％联苯菊酯、4.5％高效氯氰菊酯2 000倍液或 0.9％阿维菌素1 500～2 000倍液喷雾。采收前 15d 停止用药。

五、采收

茼蒿株高 18～20cm 时可以收获，为保持产品鲜嫩，宜在早晨进行采收。小叶品种贴地面一次性割收，捆成小把上市；大叶品种可一次性割收，也可多次割收，方法为在植株基部 2～3 片叶处割收，割后及时浇水、追肥，以促侧枝萌发，20～30d 后再收获。采收不及时、气温高会导致茼蒿茎叶老化或节间伸长，抽薹开花。

■ 知识评价

一、选择题（24 分，每题 8 分）

1. 茼蒿一般在苗高 8～10cm 时开始追肥，每次采收前（　　）d 追施一次速效性氮肥。

　　A. 10～15　　　　　B. 5～7　　　　　C. 5～10　　　　　D. 10～20

2. 防治茼蒿病虫害主要从（　　）入手，要合理施肥、浇水。

　　A. 农业防治　　　B. 物理防治　　　C. 化学农药防治　　D. 生物防治

3. 茼蒿生长适温为（　　）℃。

　　A. 18～20　　　　　B. 20～25　　　　　C. 10～20　　　　　D. 10～15

二、判断题（24 分，每题 8 分）

1. 茼蒿大棚栽培选用较耐寒、香味浓、嫩枝细、生长快、成熟早的小叶品种。

　　　　　　　　　　　　　　　　　　　　　　　　　　　　　（　　）

2. 茼蒿属于半耐寒性蔬菜。　　　　　　　　　　　　　　　　（　　）

3. 茼蒿栽培以沙壤土为宜，选择前茬未施用长残效除草剂的地块种植。

　　　　　　　　　　　　　　　　　　　　　　　　　　　　（　　）

三、理论与实践（52分，每题26分）

1. 按照茼蒿田间管理要求实际操作。

2. 总结春茬茼蒿与秋茬茼蒿在种植技术上的不同点。

▪ 技能评价

在完成茼蒿的生产任务之后，对实践进行评价总结，并在教师的组织下进行交流。

1. 在任务实践中遇到了哪些问题？你是如何解决的？

2. 根据自己掌握的知识，分析出现问题的原因。

3. 你认为在实践中哪些地方需要改进？

项目十

韭菜的生产技术

学习目标

知识：1. 了解韭菜的品种类型及优良品种。
   2. 了解韭菜的生长发育过程及对环境条件的要求。
   3. 了解韭菜的繁殖方法。
   4. 了解韭菜的分蘖、跳根与产量的关系。
技能：1. 学会根据市场需求安排韭菜的种植茬口与种植方式。
   2. 学会韭菜的生产管理技术。

基础知识

韭菜，别名草钟乳、起阳草，为多年生宿根蔬菜，在我国南北各地普遍栽培。韭菜的食用部分主要为嫩叶和花薹（韭薹），其营养丰富、气味芳香，深受人们喜爱。

一、类型及品种

（一）类型

我国的韭菜品种很多，根据食用器官不同可分为根韭、叶韭、花韭、叶花兼用韭四个类型，普遍栽培的为叶花兼用韭，按其叶片宽窄可分为宽叶韭和窄叶韭。

1. 宽叶韭 宽叶韭叶片宽而厚，叶鞘粗壮，叶色较浅，品质柔嫩；生长旺盛，易倒伏，产量高，但香味稍淡。

2. 窄叶韭 窄叶韭叶片狭而长，叶鞘较细，叶色深绿，纤维稍多；叶鞘细高，直立性强，不易倒伏，耐寒性较强，香味浓，品质优，产量较宽叶韭略低。

（二）品种介绍

1. 汉中韭王

特征特性：一代杂交原种，早熟、宽叶青韭，具有冬季不休眠、抽薹少、圆白、高产、抗病、抗寒等特性，假茎可达 12cm 以上，每 $667m^2$ 产量可达 13 000kg 以上。

2. 中华贡韭王

特征特性：植株高大，叶色浓绿，叶片宽大、肥厚，株高 55～60cm，假茎高度能在 20～25cm，最大单株质量为 90g 左右；分蘖能力强，长势旺，抗寒性特强；冬季休眠期在 20d 左右，一般每 $667m^2$ 产青韭5 000kg 以上或韭黄 4 000kg 左右；适合于冬春保护地栽培及露地栽培。

3. 寿光独根红

特征特性：植株高大，自然株高 50～60cm；叶色浓绿，叶片宽厚，在春节后第一次收获时韭菜的假茎根部为水红色，假茎高度能在 20～25cm，直径为 0.4～1.2cm，最大单株质量为 60g 以上；分蘖能力弱，长势强，抗寒性强；冬季休眠期在 25d 左右，一般每 $667m^2$ 产青韭4 500kg 以上或韭黄3 500kg 左右；适合于冬春保护地及露地种植。

4. 神松雪韭

特征特性：株高 50cm 左右，株丛直立，长势旺盛；叶色浓绿，生长势强，分蘖力强；具极强的抗寒性，抗病、优质、高产，商品菜性状好；一般年收割 6～7 茬，每 $667m^2$ 产青韭10 000kg 左右，高产时可达 13 000kg；适宜保护地和露地种植。

5. 神松 6 号雪韭

特征特性：株型直立，株高 50cm 左右，生长速度快，长势整齐；叶片宽大，平均叶宽 1.1cm，最大叶宽为 2.3cm，叶色浓绿，商品菜性状好；抗寒性极强，无明显休眠性，抗病、高产；年收割 6～7 茬，年每 $667m^2$ 产青韭 13 000kg 左右；适宜全国各地冬春保护地和露地种植。

6. 平韭 2 号

特征特性：株高 50cm 左右；叶色深绿，叶鞘长而粗壮，叶片宽大肥厚；分蘖力强，生长迅速，长势旺盛，冬季发棵早，前三刀比其他品种增产 40%，年每 $667m^2$ 产量为9 000kg 左右；辛辣味浓，品质鲜嫩，商品性状好。

7.791 宽叶雪韭

特征特性：植株直立，株高 50cm 左右；叶鞘粗而长，叶片绿色，宽 1cm 左右，粗纤维少、品质优良；抗寒性极强，耐热、抗病；生长旺盛，产量高，一般露地收割 6～7 茬，每 $667m^2$ 产青韭10 000kg 左右；适宜全国各地保护地和露地种植。

8. 中华韭王

特征特性：株型直立，株高 55cm 左右；叶片宽大，平均叶宽 1.1cm，最大叶宽为 2.3cm，叶色浓绿，商品菜性状好；抗寒性极强，抗病、高产；生长速度快，长势整齐，年收割 6～9 茬，年每 667m² 产青韭 15 000kg 左右；适宜冬、春保护地和露地种植。

二、植株的特点

1. 根　韭菜的根为弦线状须根，没有主根与侧根之分，着生在短缩茎的基部或边缘。韭菜的根系分布浅，根毛少，吸收面积小，吸收水肥的能力弱，所以土壤肥沃、肥水充足才能使其生长健壮，获得高产。韭菜的根寿命短，在生长期间进行新老根系的交替，称为换根。

2. 茎　韭菜的茎分为营养茎和花茎（花薹）。

（1）营养茎。营养茎是韭菜植株养分的贮藏器官，是新叶、新根、蘖芽生长的分生组织。营养茎最初短缩呈盘状，称为茎盘，茎盘的中心着生顶芽，下部着生根，周围为叶鞘。但随着韭菜年龄的增加，营养茎不断向地表延伸，形成根状的杈状分枝，称为根状茎。根状茎的顶端（鳞茎盘）着生叶鞘。

（2）花茎。韭菜植株的顶芽能发育成花芽，抽生花茎（花薹），花茎呈圆柱形，具有 2 纵棱，上面着生花苞。

3. 叶　韭菜的叶是主要的食用部分，为长条形、扁平、实心，分为叶身和叶鞘两部分。韭菜叶的基部为叶鞘，圆筒状，在茎盘上分层排列，长度因品种而异，一般为 5～20cm。叶鞘基部细胞分生能力很强，收割后可以继续生长，所以韭菜在一年内可以收割多次。韭菜叶中的营养物质在其枯萎时会贮藏在叶鞘基部和根系中。韭菜的叶子不断分化、生长、衰老，单株的有效叶数一般保持在 5～7 片，所以为了保证韭菜的产量和品质，韭菜收割的间隔日期应在叶龄 28～30d、具有 4～5 片叶时收割为好。

4. 花　韭菜花分为育花和不育花，两种花在形态和结构上有明显的差异。韭菜花主要依靠昆虫传粉，如果人工授粉应在雌蕊柱头顶端膨大并出现黏液时进行，上午 9～11 时授粉结实率最高。

5. 种子　韭菜种子的千粒重为 4～6g。种子寿命短，一般在 1～2 年，生产上播种要用当年的新种子。

三、分蘖与跳根

1. 分蘖　分蘖是韭菜植株更新复壮、延缓衰老的方式。分蘖是韭菜靠近生长点的上位叶腋处萌发腋芽，分蘖初期的腋芽与原有植株被包裹在同一叶鞘中，随着腋芽的生长，撑破叶鞘发育成独立的新株（图10-1）。

韭菜分蘖能力与分蘖数目的多少直接影响韭菜的产量和寿命，而分蘖能力的强弱与品种、植株年龄、植株的营养状况、施肥水平、繁殖方式有关。不同品种分蘖能力有很大差异，一般分蘖能力强的品种栽培年限较长，进入产量高峰期所需要的时间短，产量高。通常定植后2～4年是韭菜的产量高峰期，此期分蘖能力最强。一般春季和夏季播种的韭菜5～6片叶时开始发生分蘖，1年生以上的韭菜在春季（4月）和夏季（7月）分蘖较多，大多数每年分蘖1～2次。每年的分蘖次数与每次的分蘖株数主要取决于植株营养累积情况，播种时期、栽植密度、每年收割次数即栽培管理技术直接影响植株的营养累积水平，从而影响分蘖能力的强弱。

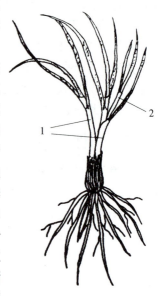

图10-1　韭菜的分蘖
1. 包裹在同一叶鞘中的分蘖
2. 新分蘖

韭菜生产中通过适期早播合理掌握栽植密度，播种当年不收割，2年生以上的韭菜应控制收割次数，加强肥水管理、病虫害防治等措施，才能延长收获年限，持续稳产、高产。

2. 跳根　由于韭菜的分蘖发生在原来植株茎盘的上部，新形成植株的根状茎也在原根状茎的上部，其新生根系位置必然高于原有的根系，所以随着分蘖有层次的上移，生根的位置也不断上升，使新形成根系逐年上移接近地表，这种现象，即韭菜的跳根（图10-2）。韭菜在出现新根的同时，从第三年开始老根会陆续死亡，所以韭菜的根系存在新旧更替，这种更新复壮随着不断分蘖而进行的。但跳根容易使根状茎与根系上移，裸露于地表，会加速根系衰老死亡，使新根减少，吸收能力减弱，导致韭菜的长势削弱，出现散撮、倒伏现象，降低产量和品质。

韭菜每年跳根的高度取决于当年的分蘖次数与收割次数，还与品种、定植的深浅及施肥

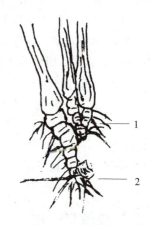

图10-2　韭菜的跳根
1. 新根　2. 老根

方式有关系。一般分蘖力强的品种跳根较快；定植深跳根高度大，定植浅跳根高度小；施肥浅容易使根系上浮，加快跳根。

因此，对于一次播种多年采收的韭菜，为了避免和减轻跳根对韭菜生长的影响，应选用分蘖力中等的品种，通过适当增加栽植密度来弥补分蘖力弱的不足；对于分蘖力强的品种要适当深栽，随着根系的逐年上移及时培土；施肥技术上要增加底肥的用量，深施追肥，避免地面撒施。

四、繁殖方法

韭菜的繁殖方法有两种，即有性繁殖和无性繁殖（表 10-1）。生产中提倡有性繁殖（种子繁殖）。

表 10-1　韭菜的繁殖方法

繁殖方式	实质	特　点
有性繁殖	种子繁殖	植株生长旺盛，分蘖力强，种植年限长，容易获得高产。有育苗移栽和直播两种形式
无性繁殖	分株繁殖	节省种子、节约时间，但植株分蘖少、生活力弱、产量低，容易早衰

五、生长发育过程

韭菜从种子萌动至花芽分化为营养生长时期。通常第一年为营养生长，越冬后第二年进入生殖生长时期。二年生以上的老韭菜，则营养生长与生殖生长交替重叠进行。

韭菜的营养生长时期按其生长的顺序分为发芽期、幼苗期、营养生长盛期、越冬休眠期，生产中要根据各期的特点采取相应的管理措施（表 10-2）。

表 10-2　韭菜营养生长各时期的特点

生长时期	生长状态	特　点
发芽期	从种子萌动至第一真叶出现	种皮硬，发芽期长，弓形出土
幼苗期	从第一真叶出现至 4～5 片叶	株高 18～20cm，幼苗根系生长占优势，而地上部生长缓慢，茎盘基部逐渐长出须根
营养生长盛期	从 4～5 片叶至花芽分化	地上部生长旺盛，5～6 片叶时可形成分蘖，植株的群体数量增多
越冬休眠期	叶片枯萎	秋季日均温降到 2℃ 以下，叶片中的营养物质贮存于叶鞘、根状茎和须根之中，进入休眠期。不同品种休眠期长短有差异

韭菜属于绿体春化，植株需长到一定大小，积累一定量的营养才能感应低温

通过春化,进入生殖生长时期。生殖生长时期包括抽薹期、开花期及结实期。

六、对环境条件的要求

1. 对温度的要求 韭菜属于耐寒性蔬菜,耐低温,抗霜害,但不耐高温,对温度的适应范围广。老根韭菜当春季气温达到2~3℃时根茎盘可萌发新芽,气温升至6~15℃时生长加快,15~20℃时生长又放缓,25℃以上生长几乎停止。当气温超过23℃,植株营养物质的消耗增多,积累减少,纤维化程度增加,尤其伴随强光、干旱时,使得韭菜质地粗硬、品质差,失去商品价值。韭菜对温度的适应能力与品种及环境有关。不同品种的耐低温能力有明显差异,如汉中冬韭、791韭菜比一般品种表现较强的耐寒性。光照、空气相对湿度会影响韭菜对温度的适应力,湿润的地区韭菜的耐低温能力高于干旱地区;温室中的光照度弱、空气相对湿度大,温度经常会高于25℃,但韭菜仍能正常生长,产品的品质不会因温度升高而降低。

韭菜不同的生长发育时期对温度的要求有差异,入冬后,地上部开始枯萎,地下根茎能安全越冬。韭菜种子发芽的低限温度为2~3℃,发芽适温为15~18℃;幼苗期生长温度要求在12℃以上;其产品器官的生长适温为12~24℃,这一温度范围内最适于叶部细胞分裂和膨大,使得其产量高、品质好;抽薹开花的适宜温度为20~26℃。

2. 对光照的要求 韭菜属长日照作物,长日照是韭菜抽薹开花的必要条件,而在生长发育过程中要求中等光照度。光照度对韭菜的产量和品质都有重要影响,如光照过强,叶片容易老化,纤维含量增加,降低品质;光照过弱,光合能力降低,不利于叶片的生长,影响产量。

在缺光情况下,叶绿素形成受阻,新生叶鞘及叶身的纤维少,品质鲜嫩,成为深受欢迎的韭黄。但这种软化栽培是在适当光照条件下制造出充足的营养物质贮存在地下部后才能进行,否则会使韭菜早衰、死亡。

3. 对水分的要求 韭菜叶面积小、蒸腾少,有一定耐旱能力,但生产上必须供应适当的水分才能获得柔嫩的产品和高的产量,所以韭菜在生长发育期间要求较高的土壤湿度和较低的空气相对湿度。适宜的土壤相对湿度为田间最大持水量的80%~90%,空气相对湿度为60%~70%,夏季高温多雨,要及时排涝,田间积水影响根系生长,诱发病害,引起根系腐烂。

韭菜不同的生长发育时期对水分的要求不同。韭菜的种皮较厚并且有蜡质,发芽期应有较高的土壤湿度;幼苗期生长在春季,气温、地温都低,蒸发量小,要适当控制水分,以提高土温,促进根系生长;旺盛生长期是韭菜形成产量的主要时期,应保证足够的水分,避免由于水分不足引起长势减弱而减产，纤维增多而使叶片失去柔嫩的品质。土壤湿度也不能过大，特别是低温、高温时，再加上高湿易造成病害，使植株腐烂死亡。

4. 对土壤及土壤养分的要求　韭菜对土壤的适应能力较强，无论是沙土、壤土、黏土都可种植，但以肥沃的土壤最好。韭菜对盐碱也有一定适应能力，但不同生长发育时期对盐碱的反应有差异，成株比幼苗的耐盐碱能力强，成株可以在含盐量 0.25％的土壤正常生长，而幼苗只能适应 0.15％的土壤盐分。

韭菜耐瘠薄，也更耐肥。其需肥量随着株龄的增长而增加，1 年生韭菜需肥量较少；2～4 年生植株分蘖力强，应根据收割的次数增加施肥量；5 年生以上的植株为促进更新复壮，防止早衰，更应加强肥料的供应。一年中春、秋两季是施肥的重要时期。

韭菜对肥料的需求以氮肥为主，配合适量的磷钾肥。

七、栽培季节与制度

韭菜一次播种可连续多年收获。南方可以周年生产，四季常绿；北方春、秋季是生长旺季，夏季温度过高有"歇伏"现象。在精细管理下，植株可多年不衰，否则 4～5 年便表现出衰老现象。

韭菜品种多，种植方式多样。春秋可露地种植青韭；早春和晚秋可利用塑料拱棚方式进行春提早和秋延后栽培生产青韭，以鲜嫩的产品供应秋淡季和春淡季；冬季利用日光节能温室生产青韭和韭黄，元旦和春节上市，多种种植基本可以实现周年生产，均衡供应。

■ 任务实施

一、品种的选择

根据当地的气候特点、种植方式及当地消费者的食用习惯选择适宜的韭菜品种，可以选用具有地方特色的农家品种，也可以选用在北方种植面积较大的优良品种和新育成的品种。

二、播种期的确定

韭菜从春季土壤解冻至秋分节令之间可以随时播种，但在夏至到立秋这段时间气候炎热，不利于出芽，而且出土后幼苗生长细弱，容易滋生杂草，所以韭菜以春播、秋播比较适宜。

春播时应将韭菜的发芽期和幼苗期放在月平均温度为 15℃左右的气温条

件下，以利于培育壮苗。华北地区通常从 3 月下旬到 5 月上旬。秋播通常在立秋到秋分之间，此期间气候凉爽，土壤湿润，在上冻前有 60d 左右的生长期，幼苗长到 3～4 片真叶大小，确保能安全越冬。韭菜栽培春播效果最好。

三、播种前的准备

步骤 1　整地、施基肥、做畦

选择 3 年内没有种植过葱蒜类蔬菜的地块，前茬收获后，入冬前将土地深翻 30cm 以上，来年春季播种前再浅翻 15～20cm，结合施基肥，每 667m^2 施充分腐熟的农家肥 5 000～10 000kg、尿素 5kg、磷酸二铵 35kg，耙碎搂平，做成 1.2～1.8m 宽的平畦。

步骤 2　种子处理

春季地温较低，采用干籽播种；初夏播种气温高，为使种子尽快出土，最好浸种催芽后播种。

浸种催芽的方法是用凉水洗净种子，浸种 24h，然后洗净，用湿布包裹，在 15～18℃条件下催芽，露芽后及时播种。

四、直播

地温稳定在 12℃时可以播种。每 667m^2 用种量为 2kg 左右，分蘖力强的品种应适当减少用量，分蘖力弱的品种应增加种子用量。直播可以采用平畦条播和平地沟播两种方法。

（1）平畦条播的步骤。整好的畦面浇底水→按 10～12cm 的行距开 1.5～2.0cm 的浅沟→将种子均匀撒在沟内→平沟覆土→轻轻镇压→覆盖塑料薄膜直到发芽。

（2）平地沟播的步骤。整好的地面按 30～40cm 的行距开宽 15cm、深 5～7cm 的沟→在沟内浇水→水渗下后播种→覆土 2～3cm→覆盖塑料薄膜直到发芽→随着生长分次培土成垄。

五、育苗及定植

步骤 1　苗床准备

苗床要选择在排水灌溉方便、地势高燥的地块，精细整地，按每 667m^2 5 000kg 施充分腐熟的农家肥与畦土混匀，做 1.2～1.4m 宽的育苗畦。

步骤 2　播种

韭菜育苗常采用撒播或条播。撒播是将种子均匀撒于苗床，使幼苗分布均匀。条播苗床按行距 10～12cm、宽 2cm、深 1.5～2.0cm 开沟，然后将种子均匀播在沟内。

根据浇水的顺序，可以干播，也可以湿播。干播的操作过程是：播种→覆土镇压→浇水→土壤见干后及时浇水，保持地面湿润，直到出苗。湿播的操作过程是：浇足底水→撒一层细土→播种→覆盖过筛的细土 1.0～1.5cm→覆盖塑料薄膜，直到出苗。

每平方米播种量 7～10g，苗床面积与大田定植面积为 1∶10。

步骤 3　播后管理

发芽后及时去掉塑料薄膜，避免膜下高温损伤幼芽。

出苗后保持土壤见干见湿。浇水把握轻浇、适当勤浇的原则，浇水过多，幼苗容易徒长。

株高 6cm、10cm、15cm 时结合浇水追肥 2～3 次，每 667m² 追施尿素8～10kg，以促进发根、长叶。苗高15cm后适当控水肥进行蹲苗，防止徒长。

韭菜发芽与幼苗生长都比较缓慢，容易形成"草吃苗"，要及时中耕除草，每隔 15d 左右一次。如果由于株间距过小无法中耕，可以在播前或幼苗出土前喷施或撒施除草剂。

韭蛆是韭菜苗期的主要害虫，可以结合浇水冲灌敌百虫，每 667m² 用量 1.0～1.5kg。

幼苗株高 18～20cm、3 片真叶时可定植。

步骤 4　定植

1. 确定定植时期　各地区可根据播种时间和幼苗大小选择定植时期，最好错开高温雨季，以免影响新根的发生和伤口的愈合。一般在清明前播种的，夏至以后定植；立夏前播种的，大暑前后定植；秋播的来年清明后定植。

2. 定植的方法　定植前 1～2d 给苗床浇水，以利起苗，起苗时少伤根，抖掉泥土，按大小苗分级，并分区定植，同时要淘汰弱苗及病虫危害苗。

根据品种的分蘖能力、种植方式确定合理的密度。青韭的生产常用畦内分行定植，密度为行距 15～20cm、株距 10～15cm，每穴 6～8 株；宽叶韭可以采用沟栽定植，密度为行距 30～40cm、株距 15～20cm、深 12～15cm，做成马蹄形的穴，每穴 20～30 株，方便培土软化及田间管理。

韭菜要适当深栽，栽植的深度以叶鞘露出地面 2～3cm 为适宜，以后应随着根系的上移分次培土，可避免根颈裸露，延长生长的年限。

六、定植当年的田间管理

步骤 1　缓苗期

定植后及时浇定植水，利于缓苗，新叶开始生长后浇缓苗水。缓苗水非常关键，因为齐苗或缓苗后，正是地下根系开始发育、地上叶片开始迅速生长的时期，此期若肥水不足，不仅影响植株的生长发育速度、还影响产量。缓苗水要灌透水，在灌水后抓紧中耕松土并进行蹲苗。

步骤2　缓苗后管理

1. 中耕除草　在高温雨季容易滋生杂草，严重影响韭菜的生长，所以雨后应连续中耕2次，并清除田间杂草。

2. 肥水管理　雨季要排水防涝，预防烂根、死秧。入秋后气候凉爽，气温14～24℃，是韭菜适宜的生长季节，为促进植株的生长应加强肥水，每10d左右浇一水，保持地面湿润；结合浇水追肥2～3次，每667m² 施尿素10～15kg或碳铵15kg。寒露后气温降低，植株生长减慢，要减少浇水，地面见干见湿为适宜，避免植株贪青生长，叶片中的养分不能及时贮藏于根、茎中，影响抗寒性。

3. 浇冻水　在土壤夜冻日消时要浇足稀粪水，可以确保韭菜的地下根茎免受冻害及第二年春季的返青生长。

七、第二年及以后的管理

通常韭菜定植后第二年开始收割。

步骤1　春季管理

土壤解冻后，返青前清除杂草、枯叶，搂平畦面，整理畦埂。早春温度较低，适当控水，浅锄表土，浇水的次数根据气温和土壤墒情来定。返青后土壤墒情不足要及时浇水，结合浇水每667m² 施尿素15～20kg。株高15cm时再浇一水，然后深中耕，提高地温，促进生长，4叶1心时可收割第一茬，收割前1d要浇水。

每次收割后切记不能立即追肥，容易造成肥害，待伤口愈合、新叶长出4cm左右时进行追肥，以速效氮肥为主。把握"刀刀追肥、因墒浇水、及时中耕"。

多年生韭菜，还需要剔根、紧撮、客土的技术措施。剔根是对于老根韭菜在春季幼苗萌发3～5cm后，用竹片把根际土壤掘出，露出根茎，掘出的土堆于行间晾晒1d，目的是提高地温、消灭根蛆、疏松土壤，清除杂草，促进根系生长，并除去细弱分蘖。紧撮是在剔根时把向外开张的植株拢在一起，起增温、透光、防倒伏等作用。客土是针对跳根逐年进行的培土措施，在晴天的中午选用晒过的细土进行覆土，覆土厚度一般在2cm左右。

步骤2　夏季管理

夏季一般停止收割，以养根、壮棵为主，减少追肥、浇水，雨后要及时排水防涝，清除杂草，防治病虫害。

步骤3　秋季管理

秋季韭菜进入第二次旺盛生长期，处暑到秋分可以根据植株的长势收割一次。秋分后每10d左右追肥一次，连续2~3次。10月中旬后减少浇水，土壤见干见湿，并停止追肥。11月上旬停止浇水，上冻前浇足稀粪水。

8~9月韭菜会抽薹开花，生产青韭的地块要采摘幼嫩花薹，减少养分消耗。

八、采收

1. 采收标准　适时采收是韭菜优质、高产的关键，株高30~35cm，平均单株具有5~6片叶，生长期25d以上是韭菜收割的标准。

2. 采收方法　当年播种的新韭，为了培养根株越冬，一般不收获。第二年韭菜收割一般不超过3刀，多为2刀。

韭菜收割的留茬高度要适宜，第二年第一刀是影响韭菜寿命的关键，收割过深，易使株叶不易萌发而死亡，收割过浅，易使残留茬过高，割后地上部生长过快，而降低根系发育速度。收割韭菜刀口为白色时说明过深；刀口为绿色时，说明太浅；刀口为黄色时为适合。生产中第一刀收割，多将根颈基部向上留5~6cm。第二年第二刀为了更快萌长，宜较第一刀浅割2cm左右。第三刀还应浅2cm。第三年以后，每割一刀以留1.5cm为宜。

3. 采收时间　收割时间要避开中午、阴天，在晴天的早晨最好。

【技能扩展】

温室囤栽韭黄的技术

利用一年生韭根，在韭菜进入休眠期后，将根株刨出密集囤栽于设施中，给予适宜的温度、水分，依靠根颈、根系中贮藏的养分生长，在完全避光的条件下，可生产出韭黄，这种形式称为囤栽韭黄（图10-3）。

1. 刨根的时间　韭菜地上部分全部干枯，土地封冻之前。刨根时间过早，地上部分养分还没完全转入地下部分，囤后产量降低，而且刨出的韭根在埋藏时因气温高，易

图10-3　囤栽韭黄

发热、早发芽或腐烂而遭受损失；刨根时间过晚，则土壤结冻，既费工又容易损伤鳞茎。刨出后的韭根可随时进行囤韭栽培；也可贮藏起来，在深冬囤韭用。

2. 囤栽时间　韭根刨出后，至翌年1月可分期、分批进行囤韭栽培。栽培者可根据市场需要和当地条件，灵活确定囤韭日期，每批韭根从囤栽开始，连割3刀，共需60～70d，韭根用后弃置。

3. 需要的设施　利用日光温室、塑料大中棚、风障阳畦，覆盖黑色塑料薄膜或草苫进行均可。

4. 囤栽方法　提前4～5d将韭根运入温室，温室中温度控制在20℃左右，使韭根打破休眠。在设施内做深20cm低畦，畦宽1m，畦底整平，浇透底水。理顺韭根，按大小捆成直径10cm左右的捆把，韭根的茎盘处要对齐，随捆随囤，捆与捆之间码密，越紧越好，根系囤直，全畦的韭根平齐。插小拱棚覆盖黑色塑料薄膜。开始时白天温度25℃左右，不超过30℃；韭苗10cm高时，温度降至20℃左右；临近收割时温度控制在16～17℃。株高6cm、10cm分别浇一次水，第二天下午叶片无水滴时覆盖2cm厚的过筛细土，以后每隔2～3d覆盖一次，共进行3次。浇水要根据覆土的干湿程度来定，如果覆盖土能被湿润可暂时不浇水，否则就应该浇水。一般从开始到收获需要浇水4～5次。在适宜的温度条件下30d后可以收割第一刀，割茬应在根颈以上3cm左右为宜，第二、第三刀管理与第一刀相同。之后根系废弃，另囤新根。也可将废根重新栽到露地养根来年使用。

知识评价

一、填空题（28分，每空2分）

1. 韭菜的根系_____，根毛_____，吸收水肥的能力_____，所以土壤_____、肥水_____才能使韭菜植株生长健壮，获得高产。

2. 韭菜具有_____的特性，是韭菜植株更新复壮的方式。其_____能力与_____数目的多少直接影响韭菜的产量和寿命。

3. 韭菜种子发芽的低限温度为_____℃，发芽适温为_____℃；产品器官的生长适温为_____℃；抽薹开花的适宜温度为_____℃。

4. 韭菜春季返青生长到_____叶时可收割第一茬。

5. 韭菜生产中第一刀收割多将根颈基部向上留_____cm。

二、判断题（20分，每题4分）

1. 韭菜每次收割后要立即施肥以促进叶片生长。（　　）

2. 在晴天的早晨收割韭菜最好。　　　　　　　　　　（　　）

3. 韭菜苗高 15cm 时要控制水分，防止幼苗徒长。　　（　　）

4. 每年上冻前韭菜田要浇稀粪水。　　　　　　　　　（　　）

5. 韭菜种子的种皮坚硬不易吸水，播后要保持土壤湿润才能利于发芽。

　　　　　　　　　　　　　　　　　　　　　　　　　（　　）

三、简答题（52 分）

1. 说出 6 个韭菜优良品种及基品种特性。（12 分）

2. 简述韭菜分蘖、跳根对产量的影响。（10 分）

3. 简述韭菜播后苗期的管理技术要点。（10 分）

4. 简述播种当年入秋后韭菜的管理技术要点。（20 分）

■■ 技能评价

　　在完成韭菜的生产任务之后，对实践进行评价总结，并在教师的组织下进行交流。

1. 在实践中遇到了哪些问题？你是如何解决的？

2. 根据自己掌握的知识，分析出现问题的原因。

3. 你认为在实践中哪些地方需要改进？

项目十一

荠菜的生产技术

学习目标

知识：1. 了解荠菜的品种及其特性。
　　　2. 了解荠菜对环境条件的要求。
　　　3. 了解荠菜的栽培季节和茬口安排。
技能：1. 学会安排荠菜的栽培季节及茬口。
　　　2. 掌握荠菜播种及田间管理的关键技术。

基础知识

荠菜（图11-1），又名护生草、地菜，为十字花科荠菜属草本植物，是一种人们喜爱的可食用野菜，原产我国，野生荠菜分布在我国的南北各地，目前国内各大城市开始引种种植，不过仍处于零星生产的范围内。荠菜食用幼小植株，营养价值高，除含有蛋白质、脂肪、粗纤维、胡萝卜素、核黄素、钙、铁、锌外，还含有维生素胆碱、乙酸胆碱、芥菜碱、黄酮类等。荠菜的药用价值很高，全株入药，具有明目、清凉、解热、利尿、治痢等药效，是一种保健型蔬菜。荠菜可炒食、凉拌、做菜馅、菜羹，食用方法多样，风味特殊。

图11-1　荠　菜

一、品种介绍

野生荠菜经多年优选，形成了目前种植的两个品种：大叶荠菜和小叶荠菜。

1. 大叶荠菜 大叶荠菜又称板叶荠菜，是上海市地方品种。植株较矮小，叶羽状深裂，叶片大而肥厚，展开度为 18～20cm，叶浅绿色，遇低温时叶色转深；抗寒、耐热性较强，生长快，早熟，产量较高，生长期 40d 左右，冬性强，抽薹开花较早，不宜春播，宜夏季或秋季栽培；品质鲜嫩，香味淡。

2. 小叶荠菜 小叶荠菜又称花叶荠菜。叶片窄而短小，塌地生长，成株有叶 20 片左右，开展度 15～18cm，叶绿色，叶缘羽状深裂，叶面茸毛较多，感受低温后，叶色加深并带有紫色；抗寒性较大叶荠菜稍弱，耐热力强，耐寒力中等，抽薹较大叶荠菜晚 10d 左右，生长期约 40d，适宜春播或秋播。

二、对环境条件的要求

1. 对温度的要求 荠菜属耐寒性蔬菜，要求冷凉的气候，具有较强的耐寒性，－5℃时植株不受损害，可忍受－8℃的短期低温。种子发芽适温为 20～25℃，播后 5d 左右出苗，生长发育适温为 12～20℃，气温低于 10℃、高于22℃则生长缓慢，品质变差。荠菜在 2～5℃的低温条件下，10～20d 可通过春化阶段即抽薹开花。

2. 对光照的要求 荠菜对光照要求不严，但在冷凉短日照条件下，营养生长好，所以早春和秋季栽培的品质和产量较好。

3. 对水分的要求 荠菜生长迅速，叶片柔嫩，种植密度一般较大，因此生长期对水分需求较大，但是水分过多，会引起根部发黑，引起植株死亡。

4. 对土壤及养分的要求 荠菜对土壤的选择不严，但以肥沃、疏松的土壤种植为佳，生长期需要氮肥较多。

三、栽培季节与制度

荠菜主根较发达，须根生长较弱，不适宜移栽，但耐寒性较强，生育期短，通常生长期为 30～60d，容易种植，而且种植方式灵活多样，可以进行周年生产。

1. 露地生产 在全国各地的无霜期内，可分期播种，陆续采收。北方地区在春季土壤解冻后即可种植；秋季在 7 月上旬至 9 月中旬播种，也可 10 月播种小苗越冬或薄膜覆盖提早上市。

2. 塑料大棚生产 秋延后茬口 10 月播种，春提早茬口可以在 2 月播种，3 月底或 4 月初收获。

3. 日光温室生产 10月以后可分期播种，分期收获，也可与塑料大中棚种植的茄果类、瓜类、豆类等早熟蔬菜间、套作。

任务实施

一、品种选择

根据栽培季节和当地气候特点进行品种选择，春季栽培关键是选择适宜的品种，适时播种，防止抽薹；秋季早播应选大叶荠菜，晚播选择小叶荠菜。

二、选地、施基肥、做畦

步骤 1 选地

荠菜要求选用土壤肥沃、杂草较少、排灌方便且未使用除草剂的田块，避免重茬，以减轻病害。

步骤 2 施基肥

荠菜种子细小，与肥接触，会影响发芽、出苗，所以要提前施基肥。播前10～15d 翻耕土壤，翻耕深度 15～20cm，同时每 $667m^2$ 施入腐熟优质农家肥3 000kg 左右、三元复合肥 25kg。

步骤 3 整地做畦

荠菜的种子细小，菜地不要深耕，但要精耕细耙，将土块整细耙匀，做到细、平、软，上虚下实，以利出苗生长。然后做成宽 1.5m 左右的畦，畦沟深10～15cm，以利耕作，畦面不宜过宽或过窄。

若进行设施生产，在整地后即覆盖大棚膜，必要时可在大棚内搭建小拱棚，并覆盖薄膜预热。

三、精细播种

步骤 1 种子处理

当年采收的新种子有休眠期，如果夏秋播种，需低温处理，以打破其休眠。方法是将种子放在 2～7℃冰箱中或将种子用细沙拌匀放到 2～7℃低温处，经 7～9d 种子开始萌动时即可播种；也可将新采收的种子放在花盆内，上封土，放于阴凉处，7月下旬后取出播种。如用隔年收获的陈种子，因其休眠期已打破，夏、秋播种则不需催芽。

步骤 2 定量匀播

荠菜可采用撒播，播种量要适宜，春播每 $667m^2$ 用种 1.0～2.0kg，夏播为 2.0～2.5kg，秋播为 1.0～1.5kg。趁畦内墒情好时播种，如底墒不足，应在播前浇透水，以利出苗。播种要均匀，播前最好能拌细土或细沙 3 倍左右，以提高撒播的均匀性；播后要浅覆约 1cm 的细土，轻轻镇压，使土壤与种子充分接触，以利种子吸水，提早出苗。

早春播种气温低、出苗率差，播种宜选冷尾暖头天气进行。

步骤 3　播后管理

播种到出苗前，应小水勤浇，保持土壤的湿润，以利于出苗。早春露地或保护地种植的，播种后设施内温度控制在 20℃，畦面可以覆盖地膜保温、保湿，然后搭建小拱棚、覆盖薄膜保温。夜温低时，需在小拱棚上覆盖草苫等保温材料。夏季或早秋播种荠菜，最好采用遮阳网搭棚遮阳，或用芦席、帘子或麦秆等覆盖畦面，保持表土湿润。

种子发芽出土后，迅速揭去地面覆盖的地膜。

四、田间管理

步骤 1　温度管理

设施生产，晴天中午适当通风，气温较低时夜间应加强覆盖，将棚室温度控制在 12～20℃；早春塑料大棚内日平均温度达到 20℃时，可拆去小拱棚，进入 3 月下旬后，气温上升，要延长通风时间。棚室内需要防止长时间低温，避免早期抽薹。

步骤 2　水分管理

荠菜根系浅，苗后要及时浇水，以利生长。当植株有 3～4 片真叶时，可选择暖和晴天的中午洒水，棚内补水必须及时。春季温度低，水分蒸发慢，一般不需浇水；秋播荠菜在冬前要控制浇水，防止徒长，以利安全越冬。

步骤 3　施肥管理

荠菜的生长需要氮肥，追肥以"轻追、勤追"为主，当幼苗有 2 片真叶时进行第一次追肥，10d 后进行第二次追肥，第一次采收后及时进行第三次追肥，以后每采收一次追肥一次，施肥以速效氮肥为主，每 667m² 追尿素 10kg，忌用碳酸氢铵。

步骤 4　间苗、除草

出苗后，当幼苗具有 2～3 片真叶时进行间苗，间苗株距 10cm 左右。荠菜植株较小，与杂草混生，除草困难，除注意挑选杂草较少的田块种植外，在管理中应经常中耕拔草，做到拔早、拔小、拔了，同时可结合每次收获，及时清除杂草，忌用除草剂。

步骤5　病虫害草防治

病虫害应以预防为主，采用加强田间管理、搞好田园清洁、选用抗病品种、合理密植等农业综合措施，药剂防治应选用高效、低毒、低残留农药。荠菜苗期偶然有猝倒病发生，可在控制大棚湿度的基础上，用百菌清、多菌灵等药剂防治；夏秋多雨季节，荠菜的主要病害是霜霉病，初发病时可喷75％百菌清600倍液防治；病毒病防治方法主要是进行合理轮作，清除田间杂草，及时消灭传播病毒病的蚜虫，蚜虫用吡虫啉或抗蚜威等药剂防治。

五、套种间作

荠菜生长期短、根系浅，植株矮小，可与茄果类蔬菜或大蒜等进行套种间作。春季先按春播荠菜要求撒播荠菜，然后按辣椒、茄子、番茄的株行距或稍稀定植茄果类蔬菜。也可以先种大蒜，然后在栽培大蒜的田间均匀撒播荠菜。

六、采收

荠菜播后30d左右即可收获。春播荠菜，植株7～8片真叶，株高10～15cm时，可根据市场行情采收。第一次采收其间拔去过密植株，以后的各次用刀割取幼嫩茎叶即可，一般可连续采收3～4次。荠菜应分次采收，每次采收应采大留小。夏播的荠菜，从播种到采收一般为20～30d，采收次数为1～2次，密处多采收，稀处少采收，使留有的植株都能有一定的营养面积，以促进生长平衡整齐；早秋播种的荠菜，播种后30～35d，10～13片真叶时采收，以后分期收获4～5次，至翌年3月下旬结束。采后要及时追肥、浇水，促进余株继续生长。

▓ 知识评价

一、选择题（40分，每题8分）

1. 荠菜属耐寒性蔬菜，要求冷凉的气候；种子发芽适温为（　　）℃。

    A. 10～15　　　　B. 15～20　　　　C. 20～25　　　　D. 25～30

2. 凡夏秋采用新种子播种，需打破休眠期，方法是将种子放到（　　）℃处，经7～9d开始萌动即可播种。

    A. 5～10　　　　B. 2～7　　　　C. 7～10　　　　D. 10～15

3. 荠菜播前拌（　　）倍左右细土或细沙，以提高撒播均匀性；播后覆土（　　）cm左右。

    A. 1，3　　　　B. 3，1　　　　C. 3，3　　　　D. 1，1

4. 早春荠菜，播种后（　　）d 内以闭棚保温保湿为主。

　　A. 3～5　　　　　　　B. 1～3　　　　　　　C. 2～5　　　　　　　D. 7～10

5. 大棚内气温上升，晴天中午通风时间应适当延长，使大棚的温度不高于（　　）℃。

　　A. 25　　　　　　　　B. 20　　　　　　　　C. 22　　　　　　　　D. 15

二、判断题（35 分，每题 5 分）

1. 荠菜主根较发达，须根生长较弱，不适宜移栽。　　　　　　　　（　　）

2. 荠菜可与塑料大中棚栽培的茄果类、瓜类、豆类蔬菜间套作。　（　　）

3. 荠菜要求选用土壤肥沃、杂草较少、排灌方便的田块，避免重茬。

　　　　　　　　　　　　　　　　　　　　　　　　　　　　　　　　（　　）

4. 荠菜猝倒病发生时，在控制大棚湿度的基础上，用百菌清防治。

　　　　　　　　　　　　　　　　　　　　　　　　　　　　　　　　（　　）

5. 荠菜是分次采收，每次采收应采大留小。　　　　　　　　　　　（　　）

6. 春季温度低，水分蒸发慢，一般不需浇水；秋播荠菜在冬前要控制浇水，防止徒长，以利安全越冬。　　　　　　　　　　　　　　　　　　（　　）

7. 荠菜的生长以氮肥为主，追施的肥料以腐熟、稀薄的人粪尿为主，追肥的原则以轻追、勤追为主。　　　　　　　　　　　　　　　　　　（　　）

三、理论与实践（25 分）

1. 按照荠菜的生产要求实际操作。（15 分）

2. 按照荠菜的采收要求实际操作。（10 分）

■ 技能评价

　　在完成荠菜的生产任务之后，对实践进行评价总结，并在教师的组织下进行交流。

1. 在任务实践中遇到了哪些问题？你是如何解决的？

2. 根据自己掌握的知识，分析出现问题的原因。

3. 你认为在实践中哪些地方需要改进？

项目十二

芦笋的生产技术

学习目标

知识：1. 了解芦笋的品种特性及优良品种。

2. 了解芦笋的生长发育过程及对环境条件的要求。

技能：1. 学会芦笋的育苗方法。

2. 学会芦笋的定植方法。

3. 学会芦笋的田间管理技术。

基础知识

芦笋又名石刁柏，为多年生宿根植物（图 12-1）。

芦笋是高档营养保健蔬菜，被誉为"世界十大名菜之一"。主要食用柔嫩的幼茎，既可鲜吃，也可加工制成罐头，是国际市场上的畅销品，在 20 世纪初传入我国，目前在全国各地都有种植。其味芳香鲜美，柔软可口，能增进食欲，帮助消化。芦笋的嫩茎富含多种维生素和矿物质，还含有大量天门冬酰胺、天门冬氨酸等，对心血管病、疲劳症、高血压等均有功效。

图 12-1　芦　笋

一、植株的特点

芦笋的种子萌发后，先向下长根，接着向上长茎。在根与茎的连接处形成地下茎，以水平方向在土下伸展。地下茎是一种短缩的变态茎，茎上有极短的节间，节上着生鳞片状的变态叶，叶腋有芽即鳞芽（图 12-2），鳞芽多而且聚集生长称为鳞芽群，在条件适宜时鳞芽相继萌生地上茎，初抽生的地上茎通常称之为嫩茎，是产品器官即我们食用的芦笋，随着地上茎的生长能形成大量的分枝。从地下茎鳞芽盘下面能发生不定根，不定根为肉质根（图12-2），分布在距地表面30cm的土层内，主要的作用是贮藏养分。从肉质根的表皮会长出纤细的白根称为吸收根（图12-2），是吸收养分、水分的主要器官，每年更新。

图 12-2　芦笋地下生长状态
1. 肉质根　2. 鳞芽　3. 吸收根

芦笋为雌雄异株，雌株茎粗、高大，枝叶稀疏，而且由于结果实消耗养分多，嫩茎产量比雄株少，也比雄株早衰；雄株低矮，枝叶繁茂，春季抽生嫩茎早、数量多、产量高。

二、类型及品种

（一）类型

芦笋按嫩茎抽生的早晚分为早熟、中熟、晚熟三类。早熟类型茎多而细，晚熟类型嫩茎少而粗。

根据芦笋嫩茎颜色的不同有白芦笋（图12-3）和绿芦笋之分。白芦笋在产品形成期经过培土软化，幼茎色白柔嫩，其维生素及钙、铁等含量较多，产量也较高，通常作为罐头原料。绿芦笋在产品形成期不进行培土软化，幼茎出土后见光呈绿色，幼茎颜色不及白芦笋柔嫩，通常供鲜食。

（二）品种介绍

1. 玛丽·华盛顿 W500F1　适宜我国北方地区种植。

特征特性：进口芦笋种子，F$_1$代全雄品种，为白芦笋，中早熟，种植后第二年既可采收。植株高大，生长势强，抗逆性好，春季鳞芽萌动较早，休眠期短，单株嫩茎抽发数多；第一分枝高度48cm，鳞片抱合紧密，顶芽长圆不散头；笋条顺地整齐一致，畸形笋少，色泽纯正，商品率高，平均单茎质量为22.5～24.6g；高抗芦笋锈病、根腐病，对镰刀菌的病毒有较高的抗性，不易感染芦笋2号潜伏病毒。

图 12-3　白芦笋

2. 格兰德（Grande）

特征特性：美国加利福尼亚大学选育而成新品种，中熟品种，绿白兼用；笋茎粗大，平均单茎质量为23.6～27.6g，丰产性强，笋茎整齐，笋尖锥形略带紫色，鳞片抱合紧凑，高温下散头率低；株型高大，长势旺，第一分枝位53.2cm；对茎枯病、褐斑病抗性中等，对镰刀菌属的病菌和锈病具有较高的抗性，不易感染芦笋2号潜伏病毒。

3. UC308（加州308）

特征特性：美国加利福尼亚大学培育而成的杂交一代全雄株品种，早中熟品种，绿白兼用；笋株生长比较旺盛，嫩茎粗细中等，大小比较均匀，平均单茎质量为19.0～19.6g，绿笋嫩茎基部略带紫色，笋体为绿色，头部鳞片抱合紧凑，抗病能力较高。

4. 日本王子 F$_1$

特征特性：绿笋品种，属于全雄杂交新品种，第二年即可采取；笋条直，笋芽粗大整齐，平均直径1.3cm以上，精笋率90％以上，纤维少，耐高温，无空心；高抗茎枯病、锈病；每667m^{2}产1 700kg以上。

5. 冠军一号 F$_1$

特征特性：白芦笋品种，由中国芦笋研究中心最新培育的一代杂交新品种；质地细嫩，抱合紧密，笋芽粗大、均匀，长圆形，有蜡质，平均直径1.3cm以上，一级笋率达89％以上；高抗茎枯病，成熟一致，产量比一般品种增产38％以上，每667m^{2}产1 500～1 900kg。

6. 阿特拉斯

特征特性：绿白兼用品种，品种杂交优势突出，适应性广泛；产量高，单笋质量26g以上；第一分枝点51.7cm，笋茎为圆柱形，粗壮，笋头为椎形，抱合紧密，颜色深绿，平均直径1.8cm左右；芽蕾、芽尖及芽条基部略带紫色，早春即可获得嫩笋产品；高耐镰刀菌，耐芦笋锈菌，高耐其他叶片尾孢菌，对芦笋潜伏病毒Ⅱ有免疫力。

7. 佛罗里达

特征特性：绿白兼用芦笋品种，为美国中早熟品种；笋株生长势强，笋茎粗细中等，笋尖抱合紧凑，笋条顺直，商品性好；该品种适应能力强，抗性全面，对芦笋潜伏病毒有抑制能力。

8. 阿波罗

特征特性：绿白兼用芦笋品种，植株高大，长势健壮；嫩茎肥大、数较多、大小整齐，笋顶圆形；不培土采收时，嫩茎色泽浓绿，不易散头；产量高，抗锈病能力强。

9. 达宝利

特征特性：绿笋品种，美国加州大学最新研究杂交一代芦笋品种；早熟，休眠期短，精笋率极高，产量高；嫩茎长柱形，整齐、粗细均匀适中，平均茎粗16～18mm，质地细嫩，鳞芽紧凑，散头率低，可保持30cm不散头，无紫头，商品率可达98％；喜肥水，抗锈病，中度耐疫霉属病害。

10. 帝王

特征特性：适合在较温暖的气候条件下以及沙漠地区种植，绿白兼用品种；植株生长势强，休眠期短，早熟，株型直立；笋茎深绿色、顶部紧实；对镰刀型病害具有较强的耐性。

三、生长发育过程

根据植株形态特征的不同变化，芦笋一生会经历发芽期、幼苗期、幼年期、成年期和衰老期五个生育阶段（表12-1）；芦笋一年内要经历生长和休眠两个阶段（表12-2）。每年地温回升到10℃以上，芦笋的嫩茎长出土，其生长依靠根中前一年贮藏的养分供应，地下的鳞茎不断抽生嫩茎，30d左右抽生一批，一般2～3批或更多，所以春季3～6月是嫩茎的采收期；进入秋季，地上部养分转入地下的肉质根贮藏，地温降到5℃左右地上部干枯死亡，芦笋进入休眠期。养分积累的多少决定第二年产量的高低，而养分形成的多少与植株的枝叶繁茂程度成正比例。

芦笋的经济寿命通常在8～15年，一般定植后的4～12年为盛产期，12

年左右要更新复壮。

表 12-1　芦笋的生长发育阶段及其特点

生育时期	生长状态	特　点
发芽期	从种子萌发到幼茎出土散头	此期必须要给以适宜的温度、湿度、空气等条件，确保一播全苗，并加强病虫害的防治
幼苗期	幼茎出土散头到移栽之前	此期形成地下茎盘，根数增多、增粗、增长；分枝开始形成，枝叶也由少逐渐增多。幼苗期的长短与育苗方式有直接关系
幼年期	从定植到地上茎发育，能开始采收嫩茎（定植后采收 2～3 年）	此期是整个植株迅速向四周扩展的时期。地下部分和地上部分生长发育逐渐加快，根系逐渐增多、增粗、增长，肉质根达到一定的粗度和长度，地下茎不断分枝，形成一定大小的鳞芽群。幼年期所需时间的长短与品种、环境条件和管理技术水平等因素有关，在一般情况下生长 5～7 个月即可进入采收期
成年期	一般是在定植后的 4～12 年，此期是芦笋的丰产期	此期是芦笋生长发育周期中生长最旺盛的时期。分枝和鳞芽群数量进一步增多，地上茎大量抽生，枝叶茂盛，光合能力增强，大量的养分贮藏到贮藏根，根盘迅速向四周扩展，地下茎扩大形成庞大的鳞芽群
衰老期	定植 12 年以后	此期植株扩展的速度减慢，笋株的抗逆能力急剧下降，病害发生严重，嫩笋萌发数量减少，细弱笋、畸形笋增多，产量和品质迅速下降，失去继续采收的价值，需要及时更新

表 12-2　芦笋的年生长阶段及其特点

阶段	生长状态	特　点
生长期	从当年春季嫩茎萌发到秋冬地上部茎叶枯萎	嫩茎大量抽生，达到标准可以采收，采收结束后嫩茎任其生长进入茎叶生长发育时期，茎叶制造的养分输送到贮藏根中，供来年嫩茎的萌发
休眠期	从秋冬地上部茎叶枯死到第二年幼芽萌发	地上部全部枯死，地下茎不再延伸，贮藏根停止生长

四、对环境条件的要求

1. 对温度的要求　芦笋对温度的适应性很强，既耐寒，又耐热，栽培的范围广泛，但最适于温带栽培。芦笋种子的发芽低限温度为 5℃，适温为 25～30℃，高于 30℃，发芽率、发芽势明显降低。春季地温回升到 5℃ 以上时，鳞芽开始萌动，10℃ 以上嫩茎开始生长出土；15～17℃ 最适于嫩茎形成；高于 25℃ 以上嫩茎生长加快，但茎细弱，鳞片开散；35～37℃ 植株生长受抑制，甚至枯萎。芦笋叶片光合作用的适宜温度为 15～20℃。温度过高，光合强度大大减弱，呼吸作用加强，光合速率降低。

2. 对土壤的要求　芦笋需要疏松透气、土层深厚、保肥保水、排水良好的肥沃土壤，以沙壤土或壤土最适宜，透气性差的黏土易形成畸形笋。芦笋能耐轻度盐碱，土壤含盐量不超过 0.2％的土壤能正常生长。芦笋对土壤酸碱度的适应性较强，pH 在 5.5～7.8 的土壤均可栽培，以 pH6.0～6.7 最为适宜。

3. 对水分的要求　芦笋蒸腾量小，根系发达，入土深而且广，较耐旱，但不耐涝，积水会导致根腐而死亡。

4. 对光照的要求　芦笋属喜光性植物，要求生长在光照充足的地方，不适宜在果树行间及遮阳场所种植。

五、采笋的方式

采笋方式分不留母茎采笋和留母茎采笋两种，可以根据市场供应的需要和芦笋植株营养生长特性灵活选择。

1. 不留母茎采笋　不留母茎采笋的田块，采笋的周期不能过长，通常情况下是从 4 月中旬采笋到 6 月下旬停止采笋，撒土平垄后让秋茎生长，7～8月由于气温高，地上部植株由于前一段的采收而衰老,根系积累养分不多，加上茎枯病发生严重，到 9 月秋茎就因茎枯病发生而渐渐黄枯,导致下年产量下降。

2. 留母茎采笋　春季采笋时间控制在 3～4 周，4 月下旬或 5 月上旬停止采笋，以后抽生的嫩茎根据出笋情况每穴留 2～3 根母株作为母茎留在田间不采，以供养根株，不但能有效的避过茎枯病的发病高峰期，而且可使秋茎营养生长期延迟，保证根盘中能积累大量的同化物，是抗病、高产、优质的关键措施。

六、栽培季节与制度

芦笋露地种植时，春播、秋播均可，生产中通常采用春播育苗移栽。

种植绿芦笋，可以在培养 2 年的根株上扣棚，进行塑料大棚的早熟栽培，比露地栽培可提早收获 20～30d。

■ **任务实施**

一、品种选择

不同芦笋品种在萌芽性、耐寒性、耐热性、抗病性、植株长势及嫩茎抽生整齐度、粗细、色泽、鳞片包裹紧密度等方面有不同的表现，尤其是在产量上有很大差异，因此，芦笋品种的选择得当与否，将决定其种植的成败。

宜选择 F_1 代的品种，F_1 代品种品质优良，性状、产量稳定。F_2 代、F_3 代、F_4 代品种其最大的缺点是种群变异大、抗病虫性差、生物学性状不佳，嫩茎容易散头，畸形笋数量多，产量低。

生产者要购买正规企业生产的合格种子，不可贪图价格便宜，而影响整个生长期中的产量与经济效益，也不能将生产田雌株上所结种子采下进行种植。

二、播种期的确定

芦笋的播种期根据各地区气候的不同有较大的差异，确定播种期的原则是在播种当年进入休眠前长成足够大小的幼苗，既可避免冻害，也便于定植。当地 10cm 的地温达到 10℃ 以上可以播种，要保证幼苗有 5～6 个月的生长期。

华北地区在谷雨到立夏之间播种，近年来，利用阳畦、塑料拱棚等设施育苗播种期可以提前到 2 月下旬至 3 月上旬，定植的时间也能相应提早，可以延长当年的有效生长时间，有利于第二年获得高产。

三、育苗

步骤 1　确定育苗方式

芦笋可以采用小苗分株、种子播种、组织培养等方法繁殖，在生产中普遍采用种子繁殖。种子繁殖既可以直播也可以育苗，育苗可以集中管理幼苗，有利于培育壮苗、防治病虫害，达到提高产量的目的。育苗可以采用苗床育苗，也可以采用穴盘育苗、营养钵、营养土块等护根育苗。护根育苗起苗时不伤根，便于定植。

步骤 2　确定幼苗的标准

春季播种的芦笋苗龄 50～70d，苗高 25～30cm，有地上茎 3～4 条、地下茎 15 条左右，根长 15～20cm。秋季播种的 2 年生苗苗高 40cm，有地上茎 8～10 条、地下肉质根 15 条左右。

步骤 3　育苗前的准备

露地苗床选择地势高燥的地方，一般做成宽 1.2～1.5m 的畦，过筛后的园土 8 份、腐熟的粪肥 2 份均匀混合，每立方米加入氮、磷、钾三元复合肥 1.0～1.5kg 拌匀铺在苗床上，厚度 14cm。

护根育苗采用高 10cm、口径 10～12cm 的育苗钵或 10～12cm 见方的营养土块。

步骤 4　播种

生产上大面积种植芦笋采用种子繁殖。芦笋种子容易丧失发芽力，生产上要用新种子。种植白芦笋每 667m² 用种 50～60g，需要苗床面积 20～30m²；种植绿芦笋每 667m² 用种 70～80g，需要苗床面积 30～40m²。

芦笋的种子种皮厚，吸水发芽慢，利用浸种催芽或浸种后直接播种可以促进发芽，具体方法参照表 12-3。

表 12-3　芦笋种子处理及播种方法

步骤	处理方法
种子处理	清水漂洗种子，然后温汤浸种 10～15min，立即转入 25℃左右冷水中浸泡 2d，每天搓洗后更换清水 1～2 次
催芽	种皮稍胀裂，去掉多余的水分后，放在 25～28℃条件下催芽，待种子有 15％露白后即可播种
播种	苗床按株行距 10cm 点播，每穴 1 粒种子，或按 10～20cm 的行距开深 2cm 的沟条播，株距 7～10cm 播 1 粒。 营养钵或营养土块排放在整好的畦面上或畦沟内，直接点播，每穴 1 粒种子。 覆土 1.0～1.5cm，覆土最好用沙质松土或过筛后的腐熟土杂肥或用锯末加沙子都可以，原则是透气不板结。 浇水，覆盖塑料薄膜保湿

步骤5　苗期管理

设施育苗，播种后温度白天保持在 25～28℃，夜间 15～18℃。齐苗后气温超过 30℃要通风降温。

20％～30％的幼苗出土后，及时去除覆盖的塑料薄膜。

苗高 10cm 左右时结合浇水追施一次肥，每 667m² 施稀的腐熟的人粪尿或复合肥 15kg，每隔 15～20d 追施一次，共 2～3 次。霜降前 2 个月停止追肥，有利于养分的积累。

苗期要给予充足的光照；育苗期保持土壤湿润，遇到干旱要及时浇水，芦笋不耐涝，雨后苗床要避免积水，积水容易引起根系腐烂。

育苗前期植株生长缓慢，浇水追肥后要及时中耕松土、清除杂草、适当培土，促进鳞芽粗壮，预防幼苗倒伏。

苗期注意预防病虫害，覆盖种子的细土可拌进少量的多菌灵杀菌剂，播种后可以在畦面或畦周围撒毒死蜱毒土，出苗后再诱杀地老虎或其他地下害虫。

四、定植

步骤1　确定定植时期

北方芦笋栽培的定植时期在春季和夏季。春季定植一般在 4 月上中旬定植上年露地培育的幼苗；夏季定植在 6 月下旬至 7 月上旬，选用当年早春培育的幼苗。

步骤2 整地、施基肥、开定植沟

前茬为葱蒜类、番茄、甘薯、果园的地块不宜种植芦笋。

选择土质肥沃、土层深厚的壤土或沙壤土，深翻30～40cm，耕层浅、底土坚实容易造成嫩茎畸形或弯曲。

基肥可以分两次施入，在定植前结合翻耕每667m² 撒施腐熟有机肥2 500kg、过磷酸钙50kg，耙细、整平土壤。然后在平整好的土壤上按白芦笋1.5～1.8m的行距，绿芦笋按1.2～1.5m的行距挖50cm宽、深40～50cm的定植沟。定植沟内每667m² 施腐熟的农家肥2 500kg、氮磷钾复合肥25～50kg、辛硫磷颗粒剂适量，施肥料时与一定量的土搅拌混合，踏实，覆细土大约10cm厚，施肥后沟比地面低5～7cm。两沟之间整成小拱形，以后随着幼苗的生长，可以将垄面的土逐渐回填到定植沟，使芦笋行高出地面，利于排水防涝。

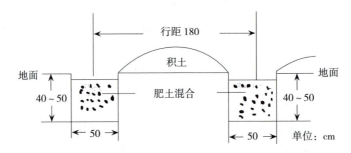

图12-4　芦笋的定植沟

步骤3 定植方法

（1）定植前准备。定植前一周在整好的定植沟内浇水使土壤沉实，前一天要给苗床浇水，以利起苗。定植时，尽量带土坨，以减少伤根。

（2）栽苗。在定植沟中间划一条直线，沿着直线将选择好的健壮幼苗按25～30cm株距种植，随挖穴随栽苗。栽苗时，地下茎要顺沟方向，着生的鳞芽群一端与定植沟的方向平行，肉质根延伸的方向与定植沟垂直，即将根系两边分开，鳞芽向前方（图12-5），以使抽生的嫩茎能在定植沟的中央成一条直线，便于培土、采收。白芦笋每667m² 定植1 300～1 400株，绿芦笋每667m² 定植1 800～2 000株较适宜。

（3）覆土浇水。边栽苗边盖土，盖土厚度为4～5cm，并踏

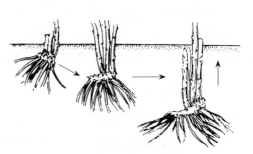

图12-5　鳞芽群的发展方向

实，然后浇足定植水，使根与土壤密切接触。水渗下后可以再覆一层细土，防止土壤板结。

（4）注意事项。栽苗时要做到深栽浅埋（图12-6），在以后的管理中，随着笋苗的生长逐渐培土，将定植沟填平。其次要淘汰弱苗，大苗小苗分开定植，保证芦笋的整齐度。

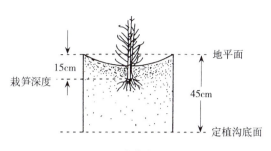

图 12-6　幼苗栽植的深度

五、定植当年的田间管理

步骤 1　缓苗期

定植后根据天气情况勤浇缓苗水，保持土壤湿润，直到幼苗成活。结合中耕，疏松土壤，并分次培土 2~3cm，同时清除杂草。

步骤 2　缓苗后肥水管理

定植后天气干旱要及时浇水，保持地面见干见湿，雨季要及时排水防涝。植株出现黄绿色，有徒长倾向时要控制浇水。

定植 20d 以后进入正常生长期，每 667m² 追速效氮肥尿素 30kg 或碳铵 50kg，在离植株 25cm 处顺垄沟施，沟深 10~15cm。定植 40~50d，芦笋进入旺盛生长期，重施一次秋发肥，以氮、磷、钾三元复合肥为主、氮肥为辅，每 667m² 沟施复合肥 40kg、尿素 10kg，以促进芦笋迅速生长。秋旱时需及时浇灌，保证秋茎生长良好。

冬前浇冻水，之后畦面撒施腐熟的粪肥并培土 15cm，第二年早春可以结合整地培土施入植株行间。

步骤 3　补苗

定植后 1 个月内要查苗，及时补苗。

步骤 4　病虫害防治

定植后的幼苗抗逆性差，要经常巡视田间，发现茎枯病、地下害虫等病虫害，及时防治。

六、第二年及以后的管理

步骤 1　彻底清园

清除上年芦笋的茎叶、根盘上的残桩以及过冬的杂草。2月下旬至3月上旬将芦笋地上部枯死的茎秆齐土割下，铺在地上，连同杂草一起点火焚烧，既可烧死在茎秆上或地表病残体上越冬的病虫害，又可为笋田增加灰分肥料。

步骤2　松土

松土前，每一定植行的行头均应插上一根枝条，以示标记。选晴天将行间土壤中耕晒土，2～3d后耙碎、耙细使无土块。松土原则是不损伤根盘（鳞芽盘），松土有利于提高土温和保持土壤湿度，同时也有利于病害防治。

步骤3　培土起垄

培土即对根盘培土。

采收白芦笋的地区春笋采收前的10～15d（一般在3月中下旬）开始培土起垄，做采笋前的准备。以松土前插的标记为中线，从行间取土往根盘堆培起垄。培土可分2～3次进行，每次培土10cm左右，最后达到规定标准，也可一次完成。垄的标准一般要求底宽50～60cm，顶宽35cm左右，垄高25～30cm，形成梯形。垄内外无土块，特别是垄表面不能有土块，以免漏风、透光而影响嫩笋的质量，或引起嫩笋弯曲生长。

绿芦笋种植地区，采笋前不需对根盘进行培土起垄。在松土时对根盘培3～5cm的松土即可。

步骤4　施肥

早春在行间开沟每 667m² 施入充分腐熟的有机肥2 000kg，加复合肥 25kg 促进嫩茎的萌发，如果土壤肥力充足也可不施。

步骤5　采笋

华北地区4月上中旬至8月上旬为采笋期。

芦笋采收用特制的采笋工具——掘笋刀（图12-7，彩图25），掘笋刀似一把窄面的小锅铲，铲面与柄略呈一定角度，刀面宽约2cm，要求刀刃较锋利，柄长约25cm，上面安装木手柄。刀刃锋利可保证采切下来的嫩笋无毛头，不易损伤鳞芽盘和临近的嫩笋芽。

白芦笋种植地区，培土起垄后，当土温超过15℃时，可开始采笋，当气温上升到20℃左右时，嫩笋的质量才明显提高，但气温过高时，又会降低嫩笋的质量。每天黎明逐垄巡视，发现土面有"裂缝"是嫩笋即将顶出垄面的标志，可用手指轻扒裂缝处的表土，见到嫩笋尖头后，再进一步扒开土层，用手轻捏

图12-7　芦笋采收工具及方法

嫩笋顶部 3～4cm 处，另一只手将掘笋刀从斜面插入到嫩笋基部，用力将嫩笋切下。取出嫩笋后立即将采笋坑填平，拍实垄面，恢复原样。采收后期，气温升高，嫩茎生长的速度加快，一天采收 2 次，以清晨为主，傍晚再采 1 次。采下的嫩笋平放在手提的盛笋箱或篓中，内垫干净塑料纸，上盖遮光布，防止见光着色。

绿芦笋在上午 8～10 时采收。根据商品质量要求将伸出地面 20～25cm 的幼茎，及时齐土表采下（图 12-7），不能用手折扭，采后按粗细分级，扎成小捆，截成规定长度后，竖放在箱盒中，不要平放。一般 2～3 天采一次。

步骤 6 肥水管理

采笋期间，每 10～15d 结合浇水追一次肥，每 667m² 施氮、磷、钾复合肥 10kg 左右。中后期茎叶发黄时每 10d 用 0.2% 硼砂或 0.2% 的磷酸二氢钾溶液轮换叶面喷洒一次，避免早衰。立秋前后是秋茎营养生长期，采收结束后，立即施肥，每 667m² 施腐熟的有机肥 2 000～3 000kg、复合肥 20～30kg。根据植株的长势进行 1～2 次根外追肥。

采收前期温度较低，尽量少浇水，避免低温降低，引起嫩茎弯曲或空心；进入采收中后期，温度升高，嫩茎生长加快，应及时浇水，保持土壤湿润，干旱时 10d 浇一次水，可以隔沟浇，这样不会影响采笋。秋季生长期，7～10d 浇一次水。

步骤 7 选留母茎

白芦笋种植地区，4 月中旬开始采笋，采笋 1 个月后开始选留母茎，每一根盘选留 1～2 根母茎，留母茎后追施一次速效肥，可以继续采笋，到 8 月上中旬停止采收。

绿芦笋种植地区 4 月下旬或 5 月上旬长出的嫩茎，每丛选留 1～2 条嫩茎作为母茎为根盘输送养分，母茎生长期的 25d 左右采笋量明显下降，之后，嫩笋量逐渐回升，这阶段所采嫩笋产量高、质量好。

7 月至 8 月初还可以再更新母茎，即按同样的方法留秋季母茎。

不管哪种留母茎的方法，在母茎生长期间要进行少量多次追肥，尿素一次每 667m² 施用量不超过 10kg，氮、磷、钾复合肥一次每 667m² 施用量不超过 30kg 为宜，每次施肥后若天气干旱，应灌一次水，同时做好病虫害防治工作。

步骤 8 撒土

采收结束、施肥后，选择无雨天撒土平沟，降低垄的高度成 5cm 的低垄。撒土时去掉母茎，清理根盘，清除根盘上的残桩及已出土的嫩茎。根盘清理干净后，上面可撒些杀菌剂药土，然后再覆土耙平，使根盘埋入 15cm 土层中。

步骤9　植株调整

撒土后5～7d，秋茎开始出土，秋茎出土后，长至70cm左右高时，摘去生长点。抽花茎后应及时摘除花蕾。适当去除株丛中拥挤的老、弱、病株，有利于通风透光。多风雨的地区，可在行间插架或拉绳，防止植株倒伏。

步骤10　病虫草害防治

病虫草害应以预防为主，采用选用抗病品种、及时中耕清除杂草、合理肥水管理、施用充分腐熟农家肥、搞好田园清洁等综合措施，药剂防治应选用高效、低毒、低残留农药。芦笋的主要病害有茎枯病、根腐病、褐斑病、立枯病及顶枯病等。在幼茎高20～30cm时进行药剂涂茎即从上到基部均匀涂药液，可以有效预防芦笋的病害。一般可用内吸性杀菌剂和保护性杀菌剂混合液涂茎，波尔多液、1：50倍的50%多菌灵、1：100倍药液的茎枯灵涂一次即可。

七、采收

北方芦笋栽培一般一年采收一季，采收的持续时间与植株的年龄有关系，一般在定植第二年采笋控制在30d左右，第三年可采笋60d左右，第四年可采笋100d以上。定植后4～12年为旺产期。

在采笋期间，可以从嫩茎生长情况来判断根盘中养分消耗量，当出土的嫩茎数量减少，茎瘦小且质地变硬时，就应及时停止采笋，采收期过度延长，绿色枝叶的生长期缩短，同化和积累的养分减少，会导致下一年植株早衰、抗病力下降，产量降低。每年应在芦笋停止生长前100d终止采收，使植株有足够的光合时间来恢复长势，积累养分，形成鳞芽。

【生产中常见问题及处理措施】

1. 空心笋　表现为幼茎的中间组织呈空心状，外形表现为扁化，嫩茎的中央有纵沟。主要原因是在产品形成期土温低于16～17℃，土温的昼夜温差超过2℃；采笋期过多追施氮肥，缺少磷、钾肥，营养比例失调，植株徒长；产品形成期缺水。

防治措施：采笋前进行地膜覆盖，提高土温；采笋期合理施肥，氮、磷、钾肥要相互配合，不要单施氮肥，以确保地上部分生长粗壮。

2. 弯曲笋　表现为采收时芦笋嫩茎弯曲（图12-8，彩图26），粗细不均。主

图12-8　弯曲笋

要原因是施用未腐熟的有机肥或一次施肥过多，嫩茎生长点受损伤或生长点的正常发育被抑制；种植的土壤黏度大、土块多、土层薄、培土松紧不一，妨碍了嫩茎的正常生长；嫩茎抽生时遭受虫害。

防治措施：有机肥要充分腐熟；深翻达到 30cm 厚度，精细整地，使土壤疏松，无石块、土块；培土时要松紧一致；防治地下害虫。

3. 苦味笋　由于种植芦笋的土壤黏重，土壤偏酸，产品形成期偏施氮肥、高温干旱，衰老植株幼茎容易出现苦味。

4. 白笋变色　白芦笋一般要求幼茎为白色或乳黄色，但由于土壤过黏易龟裂，过沙孔隙大或采笋中后期土壤温度高、干燥，垄背干裂，土壤孔隙大透光而使芦笋见光变色。

防治措施：选用沙壤土种植芦笋，精耕细作，土壤细碎，水分适中，培土松紧一致；地温过高，应适当浇水，增加土壤湿度；覆盖黑色地膜。

■ 知识评价

一、填空题（40 分，每空 5 分）

1. 芦笋种植以_____最适宜，_____易形成畸形笋。

2. 芦笋属_____植物，不适宜在果树行间及遮阳场所种植。

3. 芦笋生产中用_____繁殖。

4. 芦笋种子适宜的发芽温度为_____℃。

5. 绿芦笋的定植密度为_____，白芦笋的定植密度为_____。

6. 绿芦笋在_____时采收。

二、判断题（10 分，每题 2 分）

1. 芦笋雌株低矮，枝叶繁茂，春季抽生嫩茎早、数量多，产量高。（　　）

2. 前茬为葱蒜类、果园的地块不宜种植芦笋。（　　）

3. 土壤龟裂易使白芦笋变色。（　　）

4. 芦笋田要避免积水。（　　）

5. 芦笋抽花茎、开花不会影响产量。（　　）

三、简答题（50 分）

1. 芦笋的采笋的方式有哪几种？分别简述其特点。（20 分）

2. 简述芦笋定植当年的管理技术措施。（10 分）

3. 画出芦笋定植示意图。（10 分）

4. 芦笋采收前应做哪些准备工作？（10 分）

技能评价

在完成芦笋的生产任务之后，对实践进行评价总结，并在教师的组织下进行交流。

1. 在实践中遇到了哪些问题？你是如何解决的？
2. 根据自己掌握的知识，分析出现问题的原因。
3. 你认为在实践中哪些地方需要改进？

项目十三

芽苗菜的生产技术

学习目标

知识：1. 了解芽苗菜生产基本设施。

2. 了解芽苗菜的关键技术要求。

技能：1. 学会芽苗菜生产的基本过程。

2. 学会豌豆芽苗菜、萝卜芽苗菜、绿豆芽苗菜、花生芽苗菜、香椿芽苗菜、荞麦芽苗菜的生产技术。

3. 能解决芽苗菜生产中出现的问题。

基础知识

芽苗类蔬菜简称芽苗菜，是利用植物种子或其他营养贮藏器官，在黑暗或光照条件下直接生长出的能够食用的嫩芽、芽苗、芽球、幼梢或幼茎。芽苗菜品质柔嫩，风味独特，具有丰富的营养价值和食疗作用，除含有蛋白质、碳水化合物、淀粉酶外，其氨基酸和维生素的含量比甜椒、番茄、白菜等要高出几倍，甚至十几倍，具有较好的市场发展前景。

一、芽苗菜的种类

根据芽苗菜形成所利用营养的来源不同分为两种类型（表 13-1）。

表 13-1 芽苗菜主要类型及特点

种　　类	特　　点	例　　子
籽（种）芽苗菜	利用种子贮藏的养分直接培育成的幼芽或幼苗	黄豆芽、绿豆芽、豌豆苗、苦荞苗、芝麻芽苗菜、蕹菜苗等

（续）

种　　类	特　　点	例　　子
体芽苗菜	利用 2 年生或多年生作物的宿根、肉质直根、根茎或枝条中累积的养分，培育成的芽球、嫩芽、幼茎或幼梢	由肉质直根在黑暗条件下育成的菊苣芽球；由宿根培育的蒲公英芽、苦菜芽，由根茎培育成的姜芽、蒲芽；由枝条培育的香椿树芽、枸杞头、花椒芽、辣椒尖、佛手瓜尖等

二、芽苗菜的生产特点

1. 容易达到绿色食品的要求　芽苗菜主要依靠种子或根茎等营养贮藏器官累积的养分，一般不必施肥，很少感染病虫害，不必使用农药。因此，只要所采用的种子或养分贮藏器官以及生产环境清洁无污染，则芽苗菜产品就能达到绿色食品的要求。

2. 具有很高的生产效率和经济效益　芽苗菜的生产周期最短只需 5～7d，最长也不过 20d 左右，平均每年可生产 30 茬。

3. 生产场地灵活　由于大多数芽苗菜耐弱光、较耐低温，所以既可以露地遮光生产也可以设施内生产；既可以采用土壤平面生产也可以在工业厂房或房室中进行半封闭式、多层立体生产。

三、芽苗菜生产所需基本设施、设备

芽苗菜生产所需要的基本设施、设备包括催芽室、绿化室、栽培容器、栽培架、栽培基质、供水供液装置（表 13-2）。

表 13-2　芽苗菜生产基本设施设备的作用

名称	作　　用
催芽室	催芽的种子要在弱光或黑暗中生长，同时满足其对温、湿度的要求
绿化室	光照好，温、湿度适宜，在催芽室中生长的部分芽苗菜，要放入绿化室中见光生长 2～3d，可让植株绿化而长得较为粗壮
栽培容器	可以控水，防止底部积水
栽培架	适应工厂化、立体化、规范化栽培的需要
栽培基质	固定、支持芽苗菜，供应芽苗菜生长需要的水分，收获后根部残渣易去除
供水供液装置	满足芽苗菜生长过程中水肥供应

1. 生产设施条件　在芽苗菜生产的不同阶段需要两个场所即催芽室和绿化室，早春、冬季、晚秋可以利用日光温室或塑料大棚等设施生产；平均气温18℃以上时利用遮阳网遮阳进行露地生产；也可以利用厂房或闲置的房舍进行半封闭、集约化生产。

（1）光照。催芽室要求黑暗或弱光（催芽的种子在前期的生长期间需要黑暗或弱光）；绿化室要求采光良好，在夏秋强光条件下要有遮光设施。

（2）温度。催芽室温度控制在20～25℃；绿化室温度要求白天在20℃以上。秋、冬季可通过覆盖塑料薄膜或加温来保持适宜的温度，夏季高温时，可通过遮阳、喷水等措施来降温。

（3）通风。要求有自然通风或强制通风设施，使空气相对湿度保持在60%～90%。

（4）水源。要求有自来水、贮水池（罐）等水源装置。

（5）辅助设施。准备有种子贮藏场所、播种作业区、苗盘清洗区等生产辅助设施。

2. 栽培容器　芽苗菜生产使用的容器一般选择底部有孔的硬质塑料育苗盘（图 13-1，彩图 27），规格有多种，如 60cm×24cm×5cm、50cm×30cm×5cm 等，在盘的底部有透气孔眼。育苗盘可重复使用，每次用完须清洗干净，并用 0.1% 的高锰酸钾溶液浸泡消毒 2h。

3. 栽培架　为充分利用空间，芽苗菜生产可采用多层的栽培架进行立体生产。栽培架（图 13-2，彩图 28）供摆放育苗盘用，最好是钢铁结构，结实耐用。每个栽培架 4～6 层，层间距 30～40cm，宽 60cm，最底下一层距地面20cm 左右，架长长度按实际需要，可长可短，在生产中，为方便操作，可在

图 13-1　硬质塑料育苗盘

图 13-2　栽培架

架的四个角安装万向轮（图 13-3）。

4. 栽培基质　为了使根系长时间能保持水分，通常会使用栽培基质。栽培基质应选用清洁、无毒、质轻、吸水持水能力较强、用后残留物易处理的材料，如纸张（报纸、包装纸、纸巾纸）、无纺布、珍珠岩、白棉布（表 13-3）。基质可重复使用，但每次使用前必须水洗并高温消毒。

5. 供水供液系统　种子较大的芽苗菜，可维持苗期生长，其生产过程只需供水；而种子较小的芽苗菜，单靠种子中贮藏的营养不足以维持苗期生长，出芽后需供应营养液。根据芽苗菜的种类和生产阶段的不同选择供水供液系统，规模化芽苗菜生产一般采用安装自动喷雾装置进行喷水或供应营养液；简易、较小规模的芽苗菜生产，可采用植保用喷雾器、淋浴喷头（接在自来水管引出的皮管上）等。

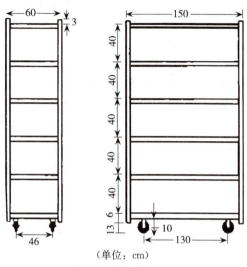

（单位：cm）

图 13-3　栽培架平面图

表 13-3　栽培基质的特点及适用范围

种类	特　点	适用范围
纸张	取材方便、成本低、易于操作，残留物处理方便	适用于种粒较大的豌豆、蕹菜、荞麦、萝卜等籽芽苗菜生产
白棉布	吸水持水能力强，便于带根采收，但成本较高，重复使用需要清除残根、消毒	适用于产值较高的需要带根收获的小粒种子的籽芽苗菜生产
无纺布	成本高，效果较好，收获后易去除根部残渣	适用于籽芽苗菜的生产
珍珠岩	粒径中等，厚度要求在 1.0～1.5cm，氧化钠的含量不超过 5%	特别适用于种子发芽期较长的香椿芽苗菜的生产

■ 任务实施

一、芽苗菜生产技术

（一）芽苗菜生产

步骤1　精选种子

用于芽苗菜生产的种子，应选择发芽率在95％以上，纯度、净度均高，籽粒饱满，无任何污染的新种子。利用这样的种子培育芽苗菜，菜苗生长速度快、粗壮，产量高，纤维形成慢，品质柔嫩，无污染。

步骤2　浸种催芽

将精选的种子，用20～30℃的洁净清水淘洗2～3次，再用种子体积2～3倍的水浸泡。冬季时间稍长，夏季时间稍短。

浸种结束，搓去种皮上的黏液，捞出沥去种子表面多余的水分，将种子放在平底容器内，上盖湿毛巾保湿，置于发芽恒温下进行催芽，催芽时每6～8h用水清洗一次种子，还要翻动种子，促进萌发。

步骤3　精细播种

先将播种盘冲洗干净，盘底铺一层栽培基质，并让其吸足水分，然后，将已发芽的种子均匀地撒播在湿基质上。

播种后，再将苗盘整齐地放在栽培架上发芽，2d后芽高达2～3cm时，放入绿化室让其在散射光及适宜的温度条件下进行生长（图13-4，彩图29）。

步骤4　管理措施

芽苗菜的生产管理就是对种子发芽过程所需水分、温度、空气和光照进行调控的过程。

1. 水分管理　浸种时以吸水达最大吸水量50％～70％（豆类50％，其他70％）为宜。水分管理必须坚持"小水勤浇、浇匀、浇足、浇透"的原则，生长前期少浇，中、后期多浇；阴雨或低温时少浇，高温、干燥时多浇。一般每天喷淋或喷雾2～3次（对小粒种子采用喷雾式浇；大粒种子采用喷淋式浇），浇水量以苗

图13-4　绿化室中生长的芽苗菜

盘内基质湿润、不大量滴水为度。

2. 温度管理　不同种类芽苗菜对温度要求不同，应分别进行管理，不同种类芽苗菜混合生产时可将温度调控在 18～25℃。温度过高或过低不仅影响发芽，还影响其生长速度和质量。整个生长过程中，应注意保持一定的昼夜温差，避免温差幅度变化过大，切忌出现夜高昼低的逆温差。冬季加强保温，及时加温，保持室内空气清新；夏季遮光降温，尤其夜晚要加大放风力度，空中喷雾，加强通风，以降低室温。

3. 光照管理　芽苗菜生长，在叠盘发芽期间不需要任何光照，出苗生长期间要求散射光。芽苗生长期间，光照不能过强，否则易导致纤维素提早形成，影响品质；光照过弱或不足则易使芽苗细弱，并导致倒伏、腐烂。

4. 湿度管理　催芽室的相对湿度保持在 90％左右；栽培室的相对湿度控制在 85％左右。控制原则为"温度高湿度大，温度低湿度小"。

（二）芽苗菜生产中常见问题及处理措施

1. 注意消毒，防止滋生杂菌　生产过程所用的器具、基质和种子均需清洗消毒。喷洒的营养液或水也要用干净的自来水，必要时可使用少量的低毒杀菌剂，但需严格控制其使用量和使用时期。

2. 严格控制生产过程的温度　芽苗菜生产过程中不同种类、不同的阶段要求的温度不同。温度过高，易徒长，苗细弱，产量低，卖相差，品质劣；温度过低，生长缓慢，容易老化，而且会延长生长周期，使经济效益受损。

3. 控制好光照　催芽过程应始终保持黑暗。幼苗移入绿化室后的光照度也不能过强，应在弱光下生长。因此在温室或大棚栽培时要进行适当的遮光，一般可在棚内或棚外加盖一层遮光率为 50％～75％的遮阳网。

4. 控制水分　整个生长过程中要控制好水分的供应，湿度过高，可能出现苗芽腐烂现象，特别是避光培育时更应注意不要供水过多，而放在光照下绿化时要注意水分不能过少，防止幼苗失水萎蔫或老化。

二、豌豆芽苗菜生产技术

豌豆苗又称龙须豌豆苗、豌豆尖，其叶肉厚、纤维少、品质嫩滑、清香宜人，被誉为菜中珍品。豌豆苗含钙质、B 族维生素、维生素 C、胡萝卜素和能分解体内亚硝胺的酶，具有抗菌消炎、增强新陈代谢、抗癌防癌的功能，且含有较为丰富的膳食纤维，可防止便秘，有清肠作用，我国各大城市已普遍栽培，全年供应，是各种宴会及火锅的必备佳肴，也是寻常百姓的保健蔬菜。

豌豆苗耐寒性强，不耐热，生长适温为 18～25℃。温度过高，苗体易发生徒长，叶片薄而小，产量低，品质不佳；温度过低，生长缓慢，总产量低，易衰老；夏季超过 30℃ 需降温，否则会发生根腐病。对光照要求不严格，遮光环境幼苗生长快、纤维化慢、质量好。空气相对湿度不能超过 80％，否则易发病。

步骤 1　品种选择

生产芽苗菜的豌豆品种应选择皮厚、千粒重在 150g 左右的小粒品种。夏豌豆苗的生产，应选用耐热、抗病性强的品种；冬季低温期生产，应选用耐寒、抗旱速生型品种。优良品种有上海豆苗、山西小灰豌豆、山西麻豌豆、白玉豌豆、中豌 4 号、无须豆尖 1 号、日本小荚荷兰豆、美国豆苗等品种。

步骤 2　种子处理

精选种子，剔除霉烂、破损、虫蛀的劣种，选择晴天晾晒种子 2～3d。用清水淘洗 2～3 次后进行温汤浸种，之后转入一般浸种，夏秋浸种 6～8h，冬春浸种 12～15h。

步骤 3　播种、催芽

浸种后清洗种子 2～3 次捞出，控干水分，可以播种。

1. 育苗盘播种　选择专用芽苗生产盘，规格 65cm×26cm×5cm。播种前洗净，用漂白粉消毒；盘内基质可用报纸、无纺布等，浸湿铺于盘底，撒播，以豆粒铺满床面又不相互重叠为宜，每盘播干种子 0.4～0.5kg，覆盖湿布保湿，置于催芽室，18～22℃ 温度条件下催芽，催芽过程中注意每天翻动和查看种子 1 次，防止伤芽和烂根，每隔 6h 用温水喷淋一次，并调换苗盘上下和前后位置。催芽 2～3d，芽苗长 1.5～3.0cm 时移入绿化室（图 13-5，彩图 30）。

图 13-5　育苗盘生产豌豆芽苗菜

2. 苗床播种　适用于大面积生产。苗床生产需要的品种、种子处理和浸种过程与育苗盘生产相同。为了缩短生产周期，可以在浸种后催芽至露白再播种（图 13-6，彩图 31）。

在平地上用砖砌成宽 1m，长度视情况而定的苗床，床内铺 10cm 厚的干净细沙，浇足底水，待水渗下

图 13-6　苗床生产豌豆芽苗菜

后播种。在苗床上撒一层发芽露白的种子，覆盖 2cm 厚的细沙，再覆盖地膜保温保湿促芽。待幼苗出土后，及时揭掉地膜，支小拱棚保温保湿促其生长。

步骤 4　绿化室管理

1. 温度　播种后白天温度保持在 18～23℃为宜，夜间温度 15℃左右。

2. 浇水　一般利用喷雾器喷淋，根据天气和苗龄大小确定浇水的次数和浇水量。播种后到幼苗高 3cm 之间要浇足浇透，以苗盘内基质湿润为宜，避免水滴滴入下层盘内；幼苗长到 4～5cm 时浇水要少而勤，避免积水烂苗。晴天温度高的时候每天浇水 3～4 次，阴天温度低的时候每天 1～2 次。

3. 空气湿度管理　浇水时同时浇湿室内地面，保持生产环境内较大的空气湿度。空气相对湿度为 70%～80%，在保证生长适温前提下要注意通风换气除湿。

4. 光照管理　幼苗在黑暗的条件下生长迅速不易纤维化，所以播种后用黑色塑料膜进行遮光软化，芽高 4～5cm 时逐渐揭膜见光绿化直至收获。为保证幼苗见光均匀，每天要上下、左右交替换盘，以保持幼苗嫩绿。收获前保持散射光状态。

5. 预防病害　每天检查盘中幼苗的生长情况，发现霉烂种子及变质幼苗及时拔除，以免污染别的幼苗；对于已发生病害的幼苗应及时摘除，发病严重的，可整盘销毁。

步骤 5　采收与包装

通常生产一茬豌豆芽苗菜高温季节需要 7～10d，低温季节需要 15～20d。

豌豆芽苗菜可整盘销售，也可剪割销售，包装上市。整盘采收要求芽苗浅绿色或绿色苗，高 10～12cm，顶部叶开始展开或已充分展开，无烂根、烂茎基，无异味，茎柔嫩，茎端 8～10cm 未纤维化。剪割销售的芽苗菜，在苗高8cm 左右，芽苗绿色时从豌豆瓣的基部剪下，采用透明塑料盒作为包装容器、保鲜膜封覆上市，每盒装 100g 或采用塑料保鲜袋封口上市，每袋装 300～400g。

三、萝卜芽苗菜生产技术

萝卜芽苗菜又称娃娃缨萝卜，是用萝卜种子培养的幼苗，俗称萝卜芽，以萝卜幼嫩的子叶和下胚轴供食用。萝卜芽苗菜营养丰富，富含维生素和矿物质，而且是一种防癌的"良药"。据测定，0.1kg 萝卜芽苗菜含维生素 A 高达14000 国际单位，相当于白菜的 10 倍。萝卜芽苗菜品质鲜嫩，风味独特，具有爽口、顺气、助消化的作用，既可炒食，也可凉拌和做汤。

萝卜芽苗菜喜欢温暖湿润的环境条件，不耐干旱和高温，对光照要求不严，发芽阶段不需要光。萝卜芽苗菜生长的最低温为 14℃，最适温度为 20～25℃，最高温度为 30℃。每个生产周期为 5～7d，最多 10d。

（一）育苗盘生产

步骤 1　品种选择

理论上所有萝卜品种均可培育萝卜芽苗菜，其中以红皮水萝卜和樱桃萝卜较为经济，选择籽粒饱满、生活力强、千粒重 15g 以上、48h 内发芽率达到 80％以上，叶色浓绿或淡绿，茎白色或淡绿，胚轴粗而且有光泽的萝卜品种能提高萝卜芽苗菜的品质和产量，优良品种有大青萝卜、绿肥萝卜、大红袍等。在生产中应根据生产条件和目的选择高、中、低温适宜品种，如从日本引进的适宜高温生产的福叶 40 日，适宜中、低温生产的大阪 4010 和理想 40 日以供不同季节、不同设施进行周年生产。

步骤 2　种子处理

选用 1 年生的新种子，精选种子后用 30℃ 的水中浸 10min，然后在 52℃ 的水中温汤浸种 15min，然后转入常温浸种 3h，种子充分吸水膨胀后捞出稍晾一会，待种子能散开时即可播种。

步骤 3　播种催芽

在消毒洗净的育苗盘内铺一层已灭菌的湿报纸或湿基质，在其上撒播一层处理过的萝卜籽。每盘用干种 50～70g，每 10 盘叠成一摞，最上面一般盖湿布（图 13-7，彩图 32），防止浇水时种子移动，温度保持在 22℃ 左右，进行遮光保湿催芽，每隔 6～8h 倒一次盘，同时喷淋室温的清水，喷淋时要仔细、周全，不可冲动种子。一般 1d 后露白，2～3d 后幼苗可长达 4cm。

图 13-7　播后叠盘

步骤 4　摆盘管理

当盘内萝卜苗将要高出育苗盘时，即摆盘上架在遮光条件下（或暗室）保温保湿培养，萝卜苗的生长适温控制在 20～25℃，不低于 14℃，在这个温度范围内，芽苗生长较好，品质柔嫩，产品的商品性状好。

步骤 5　绿化

5～6d 后，苗长 10cm 以上，子叶展平，真叶出现时可揭去遮光物，见光培养；第一天先见散射光，第二天可见自然光照。

步骤 6　采收

绿化培养 1～2d，待叶片由黄变绿后，就呈现出绿叶、红梗、白根的萝卜芽苗，此时即可采收。

萝卜苗要及时采收，一般播后5～7d可带盘上市。

（二）苗床生产

步骤1　苗床播种

将生产地块铲平，用砖砌宽0.8～1.0m、长不限的苗床，苗床内铺10cm厚的干净细沙，用温水将沙床喷透后即可播种，播种量一般为每平方米120～150g，均匀撒播，也可按种与干沙1：2的比例拌匀撒播，播种后盖1cm厚细沙，再覆地膜进行保温保湿催芽。

步骤2　苗床管理

萝卜种子在发芽出苗期，苗床应保持15～20℃，外界温度过高时，可加强通风，喷雾降温，也可以加盖遮阳网遮阳降温，3d可出苗。出苗前不能浇水，出苗后早晚均匀浇水，避免大水冲倒幼苗。播种4d左右，种子开始拱土，应在傍晚及时揭掉覆盖物并喷淋湿水，使拱起的沙盖散开，以助幼苗出土。浇水以喷雾形式最好，不易冲苗，又可保持较高空气湿度，喷淋用室温水，且喷水不可太多，防烂芽，诱发猝倒病；也不宜过干，以免幼苗老化，降低品质。

幼苗出土后即可见光生长，一般需2～3d。

步骤3　采收与包装

萝卜苗大小都可食用，所以采收时间不严格，但从商品角度考虑，以真叶刚露出，幼苗高约10cm、子叶平展、肥大、叶绿、梗红、根白、全株肥嫩清脆时采收为好。采收最好在傍晚或清晨，收获时手握满把连根拔起，清洗掉根部所带沙粒，采用塑料盒包装上市，也可以切块活体装盒上市。

四、绿豆芽苗菜生产技术

绿豆芽为绿豆种子发出的嫩芽，食用部分主要是胚轴和子叶。芽苗菜中以绿豆芽最为便宜，是全年均衡供应的主要芽苗菜，是标准的绿色保健蔬菜。绿豆在发芽过程中，维生素C会增加很多，且部分蛋白质也会分解为各种人所需的氨基酸，可达到绿豆原含量的7倍；绿豆芽还能降血脂和软化血管，清除血管壁中的胆固醇和堆积的脂肪，防止心血管病变；绿豆芽含有丰富的核黄素，对口腔溃疡有预防作用。

（一）育苗盘生产

步骤1　品种选择

绿豆的品种较多，都可生产芽苗菜。

步骤2　精选种子

为保证发芽率和发芽势，选用当年生或隔年生、完全成熟、籽粒饱满的种子，在去杂去劣的同时，还要剔去皮皱坚硬的硬实种子。

步骤 3　种子处理

将预选后的豆粒，倒入 60℃ 的热水中，浸泡 1～2min，随后用冷水淘洗 1～2 次，有助于豆粒发芽整齐一致，然后用 25～30℃ 的清水浸泡 10h。

步骤 4　播种催芽

浸种后将充分吸水膨胀的种子捞出，用清水淘洗干净，在育苗盘内平铺 10～12cm 厚，盖上湿的纱布，放在 25℃ 黑暗条件下催芽，每隔 4～6h 用清水淘洗一次，保持种子的湿度，并充分翻动种子，使上下、内外温湿度均匀。

步骤 5　苗期管理

1. 温度管理　绿豆发芽时的最低温度为 10℃，最适宜温度为 21～27℃，不宜超过 32℃，夏天可通风洒水降温，冬天要做好增温保温措施。生产中可通过浇水的办法调节温度，夏季用冷水浇淋豆芽，要浇透中心部分的芽苗菜，使它降低温度；冬天用温水浇淋，以提高温度。

2. 水分管理　种子发芽后，为防损伤芽苗体，不能淘洗及翻动，每 4～6h 用温清水喷淋一次，喷淋时要缓慢、均匀，不可冲动种子，同时要注意将喷淋的水彻底排净，及时盖上覆盖物继续培养。每次喷淋前先将排水孔堵上再喷淋，在不冲动种子的情况下，让种子都淹没在水中，并将漂浮的种皮清除，打开排水孔将水排净，继续遮光培养。

步骤 6　上市

经过 5～7d，芽长 7～10cm，芽体粗大肥嫩，即可上市。

（二）苗床生产

除了用苗盘生产，绿豆芽也可就地做苗床，用沙培法培养，这种生产方式的优点是产量高、品质好、生产周期短；缺点是收获和清洗时较费工。

步骤 1　苗床准备

在温室内做成宽 1m、长 5～6m 的平畦，再铺上干净的 5cm 厚的细沙，盖上地膜，苗床升温后播种。

步骤 2　催芽

每平方米苗床播种量为 8～10kg，精选种子，用 25～30℃ 的水浸种 8～10h，待种子充分吸水膨胀时捞出洗净，放在 20～25℃ 的条件下保湿遮光催芽，种子露白时播种。

步骤 3　播种

播种前将覆盖苗床的地膜揭开，用温水喷淋苗床，喷透底水，待水渗下后，将露白的种子均匀地撒在苗床上，播后覆盖细沙 5～6cm 厚，随后盖地膜。

步骤 4　播后管理

播种后温度保持在 22℃左右，可以根据季节通过浇水调节苗床温度。

绿豆芽生长较快，需较多水分，苗床必须保持潮湿，但不能积水，否则会烂芽。

步骤 5　采收

在绿豆芽生长发育至胚轴充分伸长，豆瓣似展非展，这时采收的最佳时期，此时胚轴长 5～6cm，根长 0.5～1.5cm，幼芽粗壮白嫩，用手轻轻地从苗床边缘开始一把一把的拔起，洗去种皮后包装上市。

（三）生产中常见问题及处理措施

（1）绿豆芽在生长过程中最忌生长过快，致使下胚轴瘦弱。

（2）播种时种子厚度要适当，铺种子太厚，底层种子受压，芽体弯曲细小，影响产量和质量；铺种太薄，对产量影响比较大。

（3）控制好温度，温度过低，植株生长慢、短小，甚至变为紫红色；温度过高，易造成植株疯长，且口味欠佳，易腐烂。

（4）用水要清洁。

五、花生芽苗菜生产技术

花生芽（图 13-8，彩图 33）被誉为"万寿果芽"，它不但能生吃，且营养特别丰富。花生芽可使花生中的蛋白质水解为氨基酸，易于人体吸收；油脂被转化为热量，脂肪含量大大降低，并富含维生素、钾、钙、铁、锌等微量元素和矿物质，花生芽的白藜芦醇含量比花生要高 100 倍，比葡萄酒中的白藜芦醇含量高出几十甚至上百倍。

图 13-8　花生芽苗菜

（一）芽苗菜生产

步骤 1　选种

选择中等大小或颗粒较小、种皮色泽均匀、含油量低的花生品种。生产花生芽应选当年产的新花生，在种子剥壳时将病粒、瘪粒、破粒剔除，留下籽粒饱满、色泽新鲜、表皮光滑、形状一致的种子。

步骤 2　浸种

将选好的花生种子装入容器内，倒入种子体积 3 倍的水，再一次选种，剔除瘪、霉、蛀、出过芽、破碎种子。夏天用自来水，冬天用 20℃温水，浸种 12～20h，浸种期间每 3～5h 换一次水，直到花生籽粒吸水膨胀、表皮没有皱纹、胀足为止，再用 2% 的石灰清水或 0.1% 漂白粉溶液浸泡杀菌，浸泡时要不断搅拌，5min 后捞出，用温水冲洗 1～2 次。

步骤 3　催芽

催芽时用平底浅口塑料网眼容器或塑料育苗盘，盘底不放栽培基质，每个育苗盘播种 500g 左右，种子厚度不超过 4cm，在 20～25℃恒温下催芽，3～4d 后发芽率可达 95%。催芽期间每天用 20℃左右温水淋水 3～4 次，都要淋透，以将种子萌动时产生的热量带走，避免种子过热产生烂种。

步骤 4　二次催芽

1. 精细挑选　第一次催芽 2～3d 后，将催好芽的种子进行一次挑选，去除未发芽的种子，将余下的已发芽种子进行二次催芽。

2. 光照管理　此过程应始终保持黑暗条件，以便生成软化芽苗；苗盘内放种量为 1 000～1 500g，每 5 盘为一摞，将苗盘叠放，最上面放一空盘，空盘上盖湿麻袋或黑色薄膜保湿，并在芽体上压一层木板，给芽体一定压力，可使芽体长得肥壮。

3. 温度管理　温度以 20～25℃为宜，温度过高，芽苗生长虽快，但芽体细弱，易老化；温度过低，则芽苗生长慢，时间长易烂芽或子叶开张离瓣，品质差。

4. 水分管理　每天淋水 3～4 次，务必使苗盘内种子浇透，以便带走呼吸热，保证花生发芽所需的水分和氧气，同时进行倒盘。盘内不能积水，以免烂种。6～7d 后即可采收。

步骤 5　采收与包装

一般 8～10d，芽高 8cm，子叶未展开时，可采收；也可采收芽长为 2～3cm 的短花生芽。整盘上市的销售标准为根长 0.1～1.5cm，乳白色，无须根；下胚轴白色，长 1.5cm 左右，粗 0.4～0.5cm，种皮未脱落，子叶未展开，剥去种皮，可见乳白色的肥厚子叶。正常情况下每千克种子可产 3kg 芽苗。采用塑料盒或保鲜袋封口包装上市。

花生芽采收要及时，采收迟了纤维增加，影响品质。

(二) 生产中常见问题及处理措施

生产花生芽苗菜的容器不能使用铁制品，浇灌用水必须是清洁无菌无铁质的自来水或井水，否则，种皮易出现锈色使品质下降。

六、香椿芽苗菜生产技术

香椿芽苗菜（图 13-9，彩图 34），颜色鲜绿、清香四溢，可常年生产，质高价昂，被誉为"黄金蔬菜"。香椿芽苗菜含香椿素等挥发性芳香族有机物，可健脾开胃，增加食欲，有助于增强机体免疫功能，深受人们喜爱。

图 13-9　香椿芽苗菜

香椿芽苗生长的温度为 15～23℃，冬季、早春选用日光温室生产，晚秋可用改良阳畦、塑料大棚培育；外界气温高于 18℃，可露地生产，但要遮阳，避免阳光直射，以提高品质。

（一）芽苗菜生产

步骤 1　选种

香椿种子（图 13-10，彩图 35）的发芽力丧失特别快，新种子在冬季常温保存 1 个月，发芽率由 98％降到 94％，保存 8 个月发芽率降到 20％左右，夏季降低的速度更快，因此最好选择未过夏的新种子或在 5℃左右、干燥条件下贮藏的上年种子，发芽率必须在 90％以上。一般生产常用发芽率和成品率较高红香椿系列品种。

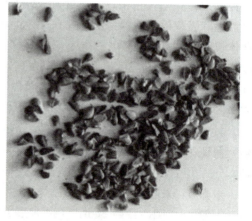

图 13-10　香椿种子

步骤 2　种子处理

香椿种子较为特殊，含油量高，有翅翼。使用前需揉搓去翅，筛除果梗、果壳及未成熟的瘪种子，然后用 0.01％的高锰酸钾溶液浸泡消毒 15min，用清水冲洗，再用 55℃温水浸种 30min，然后转入常温下浸泡 12h。

步骤 3　催芽

浸种后将种子捞出、漂洗，沥去种子表面水分，放在容器中，用干净的湿布将种子覆盖保湿，23℃恒温处遮光催芽。催芽温度不能过高，应经常翻动种子，以免其中心温度过高而降低发芽率或不发芽。催芽期间每天用 20～25℃

的温水冲洗 1～2 次。2～3d 后，60% 的种子露白、芽长 2mm 时即可播种。芽催得过长易烂根，不适于播种。

步骤 4　播种

将育苗盘洗刷干净，在消毒后的育苗盘中平铺一层草纸或无纺布、纱布等，再铺 2.5cm 拌湿的珍珠岩（珍珠岩与拌水量体积比为 2：1）。将露白的香椿种子均匀播于基质上，上面覆一层吸足水分的蛭石或珍珠岩，将全部种子覆盖好后叠盘继续催芽。每盘播种量约为 150g。

步骤 5　芽苗管理

1. 水分管理　由于基质保水力弱，而芽苗鲜嫩多汁，因此水分的管理是芽苗优质丰产的重要一环，小水勤浇是芽苗生长补水的基本原则，浇水量掌握以苗盘内基质湿润、不大量滴水为度；播种后每天早晚用喷雾器喷 20～25℃ 温水各一次，空气相对湿度保持在 85% 左右，同时注意天气变化适当调整。

2. 温度控制　香椿芽苗生长的适温为 20～23℃，最高不超过 30℃。播种后前 3d，白天为 20～25℃，夜间为 12～15℃；芽苗露头后，白天温度保持在 18～23℃，温度偏低时芽苗生长速度较慢，温度偏高时生长速度加快，品质下降，易木质化；播后 5d，胚芽即伸出基质，10d 后，香椿种芽的下胚轴长达 8～9cm，粗约 1mm，根长 6cm 左右。

3. 光照控制　香椿苗需要中等强度光照，苗芽长到 2cm 左右时揭去上盖的棉布，移到弱光的栽培架上炼苗。同时倒换苗盘的位置，使芽苗受光均匀、颜色一致，提高芽苗的外观品质。芽苗长到 5～6cm 时，增加散射光的强度，保证子叶的绿度。

步骤 6　采收与包装

一般在播后 12～14d，芽长 5～7cm，种芽下胚轴长达 10cm 以上，尚未木质化，子叶完全平展，芽体粗壮、白嫩，心叶未出，根尖未变黄时采收。带根拔起，采用塑料盒包装上市或切块活体装盒上市。

步骤 7　香椿幼苗菜

在培育香椿籽芽苗菜的基础上继续见光培养可得到可食用的香椿幼苗。香椿籽芽苗菜长到粗壮黄嫩、子叶完全展开时，就可继续进行见光绿化生长。香椿幼苗菜在弱光、散射光条件下生长良好，可根据天气状况利用遮阳网进行调控。采收前，根据苗色进行上下左右倒盘，一般见光 2～3d 后，苗长到 10cm 以上，子叶完全展开，真叶显露，尚未木质化前采收上市。

其次，应调节好适宜的空气湿度。种芽生长期短，基质中持水量基本上能满足整个生长期间芽苗对水分的需要，不需特别供给水分。种芽长出基质后，需定时喷雾，提高环境湿度，以保持鲜嫩。喷出的水珠应达到雾化状态，以防冲击幼芽，引起苗盘内积水；室内空气相对湿度要求在80％左右。

（二）生产中应注意的问题

（1）绿化室光照过强、芽苗缺水过干、温度过高（30℃以上）、未及时采收容易引起芽苗纤维化，影响品质。

（2）生产香椿芽苗菜的容器忌用铁制品，并且生产用水也不可含铁质太多，否则水里容易析出铁锈色，使芽体或幼苗颜色变为暗绿色。

（3）苗盘清洗不干净、种子质量不佳、温度湿度不合适等容易造成种子霉烂及烂根现象。

七、荞麦芽苗菜生产技术

荞麦芽苗菜利用荞麦种子生成幼苗，以其柔嫩的茎叶为食，营养丰富、鲜嫩可口、风味独特；荞麦芽苗菜富含维生素 P，对人体血管有扩展及强化作用，是高血压和心血管病患者的一种较好的保健食品，荞麦苗可以凉拌、爆炒，也可以做汤，味道清香。

荞麦芽喜温热，生长的温度范围为 15～35℃，冬季、早春和晚秋在日光温室或空闲房屋内栽培，外界温度达 20℃左右时即可露地生产。

（一）荞麦芽苗菜生产

步骤 1 选种

为保证荞麦芽苗菜的产量和质量，宜选用发芽率95％以上、纯净度高、籽粒饱满、无污染的新种子（图13-11，彩图36），并注意去除空粒、瘪粒、草籽等。在生产中，一般选择山西荞麦或日本荞麦以及各地优良品种。

步骤 2 浸种、催芽

浸种先用温清水淘洗种子 2～3次，再用种子体积 2～3 倍的清水浸种，夏天浸种 10～16h，冬天浸种20～24h，搓去黏液，然后捞出沥干水分，放在平底容器内，上盖湿毛巾，

图 13-11　荞麦种子

在 22～25℃条件下恒催芽 24h 左右，当芽长 1～2mm 时可以播种。

步骤 3 播种

取干净苗盘，盘底铺 1～2 层白纸，喷水至不滴水为宜。将催好芽的种子均匀撒播于湿纸上，每盘播种 150～180g。

步骤4 播后管理

播后将苗盘叠放在一起，用黑色塑料膜遮严，置于22~25℃环境下，每日倒盘1次，同时，用手动喷雾器喷水1次，保持种子及基质的湿润。3~4d胚芽长2~3cm时，苗盘可以移入绿化室的栽培架上见光生长。

步骤5 绿化室管理

1. 温度管理 荞麦芽苗生长适温为20~25℃，因此高温季节生产要遮阳降温，或通风降温（即白天关门窗，晚上开门大通风，有条件的可制冷降温）；冬春季生产，要做好保温措施，尽量保持适宜温度。

2. 光照管理 荞麦芽苗生产光照过强影响品质，容易导致芽苗纤维含量高、易老化、口感不好、商品性状差，所以夏季应用遮阳网遮阳，阴雨天及晴天早晚揭去遮阳网。移入绿化室后先可以在弱光区生长1d，让其适应光照，第二天开始在适宜的光照下生长。

3. 水分管理 荞麦芽苗生长期间，保持苗盘湿度和空气相对湿度是关键，其浇水原则是前期少浇，中后期加大浇水量，每天喷淋浇水2~4次，夏季高温时可浇5~6次，每次浇水以不淹没种子、苗盘不大量滴水为宜。阴雨天少浇水，干燥天多浇水。当空气相对湿度低于75%时，芽苗生长缓慢，长得不整齐，不脱种子壳；空气相对湿度超过85%容易烂根、烂苗，应根据不同季节进行通风或加温，保证空气相对湿度在85%左右。播后5~6d种芽长5~6cm，茎粗1.2mm左右，此时种壳尚未脱落（图13-12），要注意定时喷水，保持苗盘既不积水也不干燥，以促进种壳迅速脱落、子叶尽快展开。

图13-12 荞麦芽苗长势

步骤6 采收

播后10~12d，荞麦芽苗下胚轴长约12cm，子叶平展肥大，绿色，上胚轴紫红色，近根部白色时采收最佳。

产品洗净后装盒，即可上市销售。

（二）生产中常见问题及处理措施

1. 烂种、烂芽 防治措施为首先必须精选种子，要求种子纯度高、发芽率高、生长得快，进行播种前种子消毒处理；其次进行环境和器具消毒，定期用高锰酸钾或其他消毒液进行环境消毒，将使用后的所有器具都要清洗干净，放在烈日下暴晒消毒或用消毒液消毒；催芽期要控水防烂，预防高温高湿；对烂芽、烂种要及时淘汰，并将烂芽周围的种芽也同时淘汰，以免扩大传染面；对于通风不好而造成的烂种、烂芽，应及时改善通风条件，若是普遍烂种、烂芽，应立即停产，全面消毒。

2. 猝倒病　种子消毒不彻底或栽培管理不当容易引发芽苗病害。

猝倒病主要是由于连阴雨天气或低温、低湿的环境所造成。防治措施为采用喷淋温水或用暖气加温，也可用小拱棚和增加覆盖加温；预防高湿则采用控水，加强通风，或适当提高生长环境的温度。在幼苗期可适当喷施 0.2%磷酸二氢钾或 0.1%氯化钙，以提高抗病性。若接近采收期出现猝倒现象，则应提前采收。

3. 芽苗菜生长不整齐　若芽苗菜有明显的高度差，生长不齐，应经常倒换育苗盘的位置和方向，使其接受温湿度和光照均匀。

4. 芽苗菜纤维化　纤维化是芽苗菜品质劣变的表现。防治措施主要是防止强光照、干旱、高温及生长期过长。如果芽苗近根部已经纤维化，收获时只可收割其幼嫩部分。

知识评价

一、选择题（36 分，每题 3 分）

1. 催芽时每（　　）h 用适宜温度的水清洗种子，防止呼吸热影响萌发。

　　A. 6～8　　　　　　B. 1～2　　　　　　C. 10～12　　　　　　D. 24

2. 用于芽苗菜栽培的种子，应选择发芽率在（　　）以上，纯度、净度均高，籽粒饱满，无任何污染的新种子。

　　A. 80%　　　　　　B. 95%　　　　　　C. 100%　　　　　　D. 都不对

3. 催芽室的空气相对湿度保持在（　　）左右；栽培室的空气相对湿度控制在（　　）左右。

　　A. 90%，85%　　B. 100%，85%　C. 90%，50%　　　D. 60%，85%

4. 萝卜芽苗菜生长的最低温为（　　）℃，最高温度为（　　）℃。

　　A. 10，20　　　　B. 10，30　　　　C. 15，30　　　　　D. 5，25

5. 种子开始拱土，要揭掉覆盖物，揭覆盖物的时间应在（　　）。

　　A. 早上　　　　　B. 傍晚　　　　　C. 中午　　　　　　D. 任何时间

6. 萝卜芽苗菜浇水用室温水，以（　　）形式最好。

　　A. 小水漫灌　　B. 喷雾　　　　　C. 滴灌　　　　　D. 都不对

7. 香椿芽外界气温高于（　　）℃可露地生产。

　　A. 10　　　　　B. 18　　　　　C. 25　　　　　D. 20

8. 绿豆芽生长过程最忌生长过快，须保持适温，适宜生长温度为（　　）℃左右。

　　A. 20　　　　　B. 15　　　　　C. 10　　　　　D. 25

9. 绿豆芽食用部分主要是（　　）。

　　A. 胚轴　　　　B. 子叶　　　　C. 胚轴和子叶　　D. 都不是

10. 绿豆芽催芽倒盆的目的是（　　）。

　　A. 上下温湿度均匀　　　　　　　B. 上下、内外温湿度均匀

　　C. 检查种子萌发状况　　　　　　D. 内外温湿度均匀

11. 绿豆芽的生产需要（　　），以使芽体粗大肥嫩。

　　A. 遮光培养　　　　　　　　　　B. 强光培养

　　C. 散光培养　　　　　　　　　　D. 先遮光后见光

12. 花生催芽时种子厚度不超过（　　），每天淋水 2～3 次，淋水要淋透。

　　A. 2cm　　　　B. 4cm　　　　C. 6cm　　　　D. 8cm

二、判断题（54分，每题3分）

1. 在叠盘催芽期间，芽苗菜生长不需要任何光照。　　　　　　　（　　）

2. 报纸是清洁、无毒、质轻、吸水持水能力较强、用后残留物易处理的基质。　　　　　　　　　　　　　　　　　　　　　　　　　　（　　）

3. 芽苗蔬菜本身鲜嫩多汁，必须坚持"小水勤浇、浇匀、浇足、浇透"的原则。　　　　　　　　　　　　　　　　　　　　　　　　　　（　　）

4. 豌豆苗耐寒性强，但不耐热。　　　　　　　　　　　　　　　（　　）

5. 生产芽苗的豌豆品种应选择千粒重小的小粒品种。　　　　　　（　　）

6. 夏豌豆苗的生产，应选用耐热、抗病性强的品种；冬季低温栽培，应选用耐寒、抗旱速生型品种。　　　　　　　　　　　　　　　　　（　　）

7. 芽苗菜生产中任何器具均可使用。　　　　　　　　　　　　　（　　）

8. 幼芽开始拱土，芽长 8～10cm，豆瓣似展非展，是豌豆芽苗菜采收的最佳时期。　　　　　　　　　　　　　　　　　　　　　　　　（　　）

9. 绿豆芽苗可以用沙培法苗床培养，其优点是产量高、品质好、周期短，缺点是清洗时费工。　　　　　　　　　　　　　　　　　　　　（　　）

10. 绿豆芽苗菜浇水时应将排水孔打开再喷淋。　　　　　　　　（　　）

11. 花生发芽后其蛋白质由贮藏蛋白转化为结构蛋白，更易被人体吸收。　　　　　　　　　　　　　　　　　　　　　　　　　　　　（　　）

12. 培养花生芽苗时在芽体上压一层木板，给芽体一定压力可使花生芽芽

体长得肥壮。 （　　）

13. 花生第一次催芽是进行挑选，去除未发芽的种子，第二次催芽才是真正催芽。 （　　）

14. 进行芽苗菜培养时，蛭石、珍珠岩不经过处理也可反复使用。（　　）

15. 荞麦芽苗菜，富含维生素P，是高血压和心血管病患者的保健食品。

（　　）

16. 荞麦芽喜温热，生长适温为20～25℃，最高温度不超过35℃。

（　　）

17. 根据栽培条件和目的筛选高、中、低温萝卜品种，以供不同季节，不同设施周年生产。 （　　）

18. 芽苗菜播种前需要进行水选去秕去杂。 （　　）

三、简答题（10分）

1. 分析芽苗菜老化的原因。（5分）
2. 分析芽苗菜长势不齐的原因。（5分）

■ 技能评价

在完成芽苗菜的生产任务之后，对实践进行评价总结，并在教师的组织下进行交流。

1. 在任务实践中遇到了哪些问题？你是如何解决的？
2. 根据自己掌握的知识，分析出现问题的原因。
3. 你认为在实践中哪些地方需要改进？

项目十四

樱桃番茄的生产技术

学习目标

知识：1. 了解樱桃番茄的主要品种。

2. 了解樱桃番茄的生长发育过程及对环境条件的要求。

3. 了解樱桃番茄的栽培季节和茬口安排。

技能：1. 学会安排樱桃番茄的栽培季节及茬口。

2. 学会樱桃番茄的生产管理技术。

基 础 知 识

樱桃番茄（图 14-1，彩图 37）因果实形状如樱桃而得名，别名袖珍番茄、迷你番茄，是原产于南美洲的一种高档蔬菜。樱桃番茄外观玲珑可爱，果色有红色、粉红色、黄色、橙红色等，果实中含有丰富的胡萝卜素和维生素 C，营养丰富、甜酸可口、柔嫩多汁，以生食为主，同时具有观赏的功能。20 世纪 90 年代以来，樱桃番茄种植在全世界范围迅速推广应用，我国近年来也开始推广种植。

一、品种介绍

樱桃番茄属于无限生长型植物，

图 14-1　樱桃番茄

主茎顶端分化花序后由侧芽代替主茎继续生长，不断开花结果，无限延续，不封顶。其植株高大，生长期长，单株结实多，产量高，品质好，具有很高的经济价值。优良品种主要有：

1. 千禧　目前樱桃番茄种植的理想品种，适合越冬和早春设施种植。

特征特性：早熟，无限生长型；果实椭圆形，果色桃红，糖度高，风味好，不易裂果；该品种生长旺盛，结实率高，果实大小均匀，每穗可结14～31个果，优质、高产，每667m² 产量可超过4 000kg；耐热性、抗病性强，高抗根结线虫、枯萎病，耐贮运，采收期和货架期长。

2. 荣威101　"千禧"类型粉红色小番茄，适合秋延后、越冬及早春设施种植。

特征特性：早熟，植株长势旺盛；叶色浓绿，开花数多，高产；高抗番茄黄化曲叶病毒、叶霉病、根结线虫；萼片美观，果实椭圆形，果色深粉红色，单果质量为25g左右，每穗可结果30个左右，糖度高、口感好，耐裂果。

3. 玉禧　最新推出的高抗番茄黄化曲叶病毒的粉果樱桃番茄。适合越夏、秋延后及早春种植。

特征特性：无限生长类型，生长势旺盛；果实短椭圆形，单果质量为20g左右，糖度高、口味佳；果皮厚耐裂，耐贮运。

4. 圣女　早熟品种。

特征特性：无限生长型；果实椭圆形，果色浅红色，糖度高、风味好；该品种植株高大，叶片较疏，生长旺盛，分枝力强，结果数多，每穗最多可结50个果左右，优质、高产；抗病力强，抗病毒病、叶斑病等，皮厚不易裂果，耐贮运。

5. 红玉女　早熟，适合早春、秋延后温室大棚种植。

特征特性：系野生杂交而成；植株高大，叶片较疏，复花序，单花穗结果多，果实呈椭圆形，果色红亮，单果质量为20g左右，糖度高、果肉多、种子少，不易裂果；耐热，抗病，高抗病毒病、叶斑病、早晚疫病。

6. 圣桃

特征特性：无限生长型，粉红椭圆形果实；该品种植株生长势强，叶色浓绿，7～8片叶着生第一花序；每3叶一穗果，每穗可结果10～20个，单果质量约为20g，果肉脆甜、糖度高、口感好，不易裂果，耐贮运。

7. 夏红妃　高级红色樱桃番茄品种。

特征特性：无限生长型，大红椭圆形果实；该品种植株生长旺盛，适应性强，抗病毒病，结果能力强，产量高；果形美观，单果质量为12～15g，果实硬度高，不易裂果，耐贮运，糖度高、口感好、品质极佳。

8. 粉星 101　F₁ 代杂交种。

特征特性：早熟，无限生长类型；生长势强，结实率高，果色桃红，鸡心形果，单果质量约为 22g，耐贮运，抗根结线虫。

9. 粉星 102　适合春、秋及越冬种植。

特征特性：属无限生长型，中早熟，生长旺盛；果实长圆球形，果色粉红，单果质量为 22g，抗病，高抗根结线虫，耐贮运。

10. 金星 F1　早熟，抗番茄黄化曲叶病毒品种。

特征特性：无限生长型，生育性强、产量高；果实短椭圆形，成熟后果实金黄色，果形整齐，单果质量约为 26g，不易裂果，耐贮运。

11. 金珠　早熟品种。

特征特性：无限生长型，植株生长旺盛，分枝力强；叶色浓绿、微卷；果实圆形、橙黄色、糖度高、风味好，硬度高，不易裂果，商品性好，单果质量为 16g 左右，结果力强，单穗结果 16 个左右，单株可结果 500 个以上。

12. 阳光　从荷兰引进，适合设施种植。

特征特性：无限生长型，植株长势旺盛，株型紧凑；果实圆形，成熟果深红色、硬实、风味好；每穗可结果 20～22 个，平均单果质量为 15～20g，丰产性好，耐裂果；抗病性好，抗病毒病、叶霉病、枯萎病、根结线虫。

二、生长发育过程

1. 发芽期　由种子萌发到第一片真叶出现，在正常温度下一般为 7～9d。

2. 幼苗期　由第一片真叶出现到现大蕾，一般需要 60d。当幼苗具有 2～3 片真叶时，生长点开始分化花芽。

3. 开花坐果期　由第一花序的花蕾膨大到坐果，是樱桃番茄幼苗期的继续、结果期的开始，是以营养生长为主过渡到营养生长与生殖生长同时发展的转折期，直接关系到樱桃番茄的早期产量。

4. 结果期　从第一花序坐果到拉秧。一般从开花受粉到果实成熟需要 40～50d。

三、对环境条件的要求

1. 对温度的要求　樱桃番茄为喜温性蔬菜，最适宜的生育温度为 20～25℃。温度低于 15℃受粉、受精和花器发育不良，导致落花、落蕾，低于 10℃植株停止生长，长时间在 5℃以下的低温易引起低温危害，−1～−2℃下植株死亡；耐高温，高于 35℃仍可以正常开花、结果。种子的发芽最低温为 12℃，最适温为 25～30℃；幼苗期要求白天温度为 20～25℃，夜间为 10～

15℃；开花期白天适宜温度为 20～30℃，夜间为 15～20℃，低于 15℃、高于 35℃都不利于花器官发育；结果期白天适宜温度为 25～28℃，夜间为 16～20℃，温度低果实生长的速度慢，夜温过高不利于营养物质的积累，果实发育不良。适宜土温为 20～22℃，提高土温能促进根系发育，同时使土壤中的硝态氮含量显著增加，樱桃番茄的生长发育加速，产量增高，这对设施生产具有重要意义。

2. 对光照的要求　樱桃番茄是喜光作物，在生产中要保证30 000～35 000 lx 的光照度，才能维持正常的生长发育。在一定范围内光照越强，光合作用越旺盛，光饱和点为70 000lx。

3. 对水分的要求　樱桃番茄的根系吸水力强，属于半耐旱性蔬菜，既需要较多的水分，又不必大量浇水。适宜的空气相对湿度为 45%～55%，田间持水量百分数为 60%～80%。空气湿度过大不仅会阻碍正常授粉，若再加上高温容易引起病害严重发生。

4. 对土壤及土壤养分的要求　樱桃番茄的适应性较强，对土壤要求不严格，但对土壤通气性要求较高，高产种植须选土层深厚、排水良好、富含有机质的肥沃壤土。适宜的土壤酸碱度为中性至微酸性。生育前期需要较多的氮及适量的磷和少量的钾，以促进茎叶生长和花芽分化。坐果以后，需要较多的磷和钾。

四、栽培季节与制度

樱桃番茄主要进行设施种植，利用塑料大棚、日光节能温室在早春和秋冬季进行生产，作为高档水果供应市场，经济价值远远高于普通番茄。北方地区设施樱桃番茄种植的茬口安排见表 14-1，供参考。

表 14-1　北方地区设施樱桃番茄栽培的茬口安排

茬次	育苗方式	播种期（月/旬）	定植期（月/旬）	主要供应期（月/旬）
日光温室秋冬茬	露地遮阳	7/下～8/中	9/中	11/上～1/下
日光温室冬春茬	露地	9/上～10/上	11/上～12/上	11/上～6/下
日光温室早春茬	早春温室	12/上	2/上～3/上	4/中～7/上
塑料大棚春早熟	早春温室	12/中～1/上	3/上～4/上	5/中～7/下
塑料大棚秋延后	露地	6/上～7/中	7/上～8/上	9/上～11/下

■ 任务实施

一、品种选择

目前樱桃番茄的品种繁多，但品质差异很大，可根据市场需求、种植茬口、设施的类型选择适宜的品种。

购种时要注意选择质量有保证的正规企业生产的种子。

二、培育壮苗

(一)壮苗标准

樱桃番茄的适龄壮苗应该是根系发育良好，侧根多呈白色；茎粗壮，节间短，茎高不超过 25cm；叶色深绿；无病虫害的幼苗。

(二)培育适龄壮苗

幼苗有 7～8 片叶，苗龄 70d 左右即定植标准。

步骤 1　苗床准备

低温期可以在温室、温床、阳畦等设施内育苗；夏季可在露地遮阳育苗。苗床要选择地势较高，便于排水灌溉的地块，苗床上搭小拱棚，覆盖塑料薄膜或遮阳网，以利于保温、防雨、降温。

苗床一般做成宽 1.2～1.5m 的畦，田园土要选用没有种过茄子、番茄、辣椒、马铃薯的肥沃田土，按要求配好育苗土装入苗床。

步骤 2　播种

1. 种子消毒　播种前 3～5d 进行种子消毒。温汤浸种消毒主要防治叶霉病、早疫病。使用磷酸三钠浸种消毒主要防治病毒病，方法为先用清水浸种 3～4h，再放入 10％磷酸三钠溶液中浸泡 20min，捞出洗净。

2. 浸种催芽　消毒后的种子浸泡 6～8h 后捞出洗净，置于 25℃保温保湿催芽。如果冬春季地温低时播前不必浸种催芽，干籽直接播种可避免烂籽。

3. 播种方法　当催芽种子 70％以上露白即可播种，播种不能太密。樱桃番茄的种子细小，播种时要更加精细，覆过筛的细土，厚度为 1.0～1.5cm。每平方米苗床再用 8g 50％多菌灵可湿性粉剂拌上细土均匀薄撒于床面上防治猝倒病。在床面覆盖塑料薄膜保湿增温促进发芽。

步骤 3　播种后到出苗前管理

播种后到出苗前，苗床温度白天保持在 25～28℃，夜间为 20℃左右。冬季温度低时可以在温室内套小拱棚加盖草苫保温，夏季采取遮阳、降温、防雨、防虫措施保证苗全、苗齐、苗壮。

步骤 4　出苗后到分苗前管理

60％～70％的小苗拱出土时在苗床撒 0.5cm 厚的细土，弥缝保墒，避免倒苗或露根。2 片子叶展平时通风降温，苗床温度白天在 23～25℃，夜间为7～15℃；在温度允许的情况下充分见光；缺水时用喷壶喷水，保持苗床土壤湿润，但在低温期育苗底水充足时一般不需要补水，可分 2～3 次向根基部覆盖细潮土，以利保墒，后期缺水可晴天浇一次透水再保墒，忌小水勤浇。

步骤5　分苗

1. 分苗的时间　冬春茬和春提早栽培分苗时气温低，在上午进行，下午14时前结束；夏季高温分苗要在傍晚或阴天进行。

2. 分苗的方法　幼苗具有2片真叶时分苗，分苗前低温锻炼2～3d，前一天浇透水，避免散坨或起苗伤根；分苗时将小苗按行距12cm、株距12cm栽到分苗床，如果分苗到营养钵，营养钵的口径应选择9～10cm，栽苗时要将子叶露在外面。

3. 注意事项　按大小分级分别移植便于管理，同时要淘汰病、弱苗。光照过强时，要适当遮阳，减少植株萎蔫。

步骤6　分苗后管理

低温期分苗，分苗后1周内要保持较高的温度，保持日温25～30℃，夜温18～20℃。4～7d后，幼苗叶色变淡、心叶展开时标志已缓苗。

缓苗后适当降低温度，白天为20～25℃，夜温为15～17℃，保持幼苗健壮生长，防止徒长，可根据天气调节温度，晴天光合作用强，温度可高些，阴天温度应相对低些。同时给予充足的光照、水分，以利于幼苗的生长及花芽分化。定植前7～10d控水降温，对秧苗进行低温锻炼。

三、合理密植

步骤1　确定定植时期
各地区可根据当地的气候特点和幼苗的长势，选择定植时期。

步骤2　整地、施基肥、做畦
结合深翻土壤，每667m² 施腐熟有机肥5 000～7 000kg、过磷酸钙50kg、草木灰100kg或复合肥25kg。做宽1.5～2.0m的平畦或小高畦。

步骤3　定植方法
定植前一天浇水，以利起苗。定植时，尽量带土坨，少伤根。若温度过高，最好在傍晚定植，浇足定植水，减少蒸腾量，保证幼苗成活。

樱桃番茄为无限生长类型植物，花序数较多，要稀植，每畦栽2行，株距50cm、行距80cm，每667m² 栽2 000～2 600株。

四、定植后的田间管理

步骤1　温度、光照管理
一般定植后1周内闭棚保温，缓苗后及时通风降温，使棚温白天保持在25～28℃，夜间为10～15℃，夜温不能低于10℃；晴天中午棚内气温超过

28℃时，及时放风。

在温度允许的情况下，应尽量早揭和晚盖保温覆盖物，经常清除透明覆盖物上的污染物。在温室后墙和两侧山墙可张挂反光幕，以增加光照。

步骤2　肥水管理

定植时在定植沟内浇水，缓苗后再浇大水1次。定植缓苗后再覆盖地膜，覆膜时在秧苗处划十字将苗掏出。

樱桃番茄的肥水管理侧重于"控"，大肥大水会降低果实的糖分，增多裂果，影响产量和品质。缓苗后以营养生长为主，除了浇足定植水和缓苗水外，一般不再浇水、追肥，管理的重点应是中耕松土、蹲苗为主，以达到增温、保墒、降低空气湿度的目的。之后如果土壤水分不足，可根据天气浇水，但水量不宜太大。

施肥以基肥为主，基肥充足的情况下，第五花序开花时开始追肥，基肥不足时第三花序开花时开始追肥，结合膜下浇水，每次每 $667m^2$ 冲施氮、磷、钾三元复合肥15～20kg，原则上每月1次。同时还可进行叶面喷肥，每8～10d喷一次0.5%磷酸二氢钾效果更好。

步骤3　植株调整

1. 搭架与绑蔓　在定植2周左右时进行插架（吊蔓）。随着植株的生长，需要多次在花序下1～2片叶处绑蔓。

2. 整枝方式　樱桃番茄在生产上常进行单干整枝，只保留主枝，其余侧枝全部打掉。

步骤4　保花、保果

樱桃番茄自花授粉良好，不需使用生长调节剂，但冬季温室内需要有辅助授粉措施，即可以在上午8～10时震动植株或用手指轻弹开花花穗，每天1次，使受粉充分，提高坐果率。同时控制好温室内的温湿度，防止落花、落果。

步骤5　病虫害防治

1. 病毒病　露地夏秋季、设施秋季发生严重。樱桃番茄常见病毒症状有3种：

（1）花叶型。从苗期至成株期均可发病，新生叶片上出现黄绿相间、深浅相间的斑驳，叶脉透明，叶略有皱缩，顶叶生长缓慢，病株比正常株略矮。

（2）蕨叶型。植株出现不同程度的矮化，上部叶片变成丝状，中下部叶片向上微卷，叶脉紫色，微显花斑，侧枝生蕨状小叶，呈丛枝状。

（3）条斑型。茎、叶、果上均可发生。病斑初为深茶褐色，叶片上多为褐色斑点或云纹；茎蔓上多为黑褐色下陷的长形条斑，致使全株枯死；果实上为各种褐色云纹斑块，随果实发育病斑逐渐凹陷或畸形，病变部只限表皮，不入果肉。

防治措施：有针对性的选用抗性较强的品种；用10％的磷酸三钠溶液浸种20min；培育壮苗；及时避蚜治蚜；使用增抗剂，如NS-83增抗剂100倍液或20％盐酸吗啉胍·铜可湿性粉剂500倍液或1.5％植病灵乳剂1 000倍液或抗病毒剂1号200倍液等药剂喷洒，预防和抑制病毒病的发生与发展。

2. 早疫病 甲疫病又称轮纹病，设施栽培、露地栽培均有发生，苗期、成株期均可发病，危害叶、茎、果实。苗期发病，表现在茎基部，造成幼苗枯倒。叶片上初为水渍状，后变褐色小斑点，扩大后呈圆形或椭圆形黑斑，具有同心轮纹，边缘多有浅绿黄色晕环，严重时多个病斑可联合成不规则形大斑，下部叶片枯死、脱落。叶柄受害时，产生椭圆形轮纹斑、棕黑色，一般不将叶柄包住。茎部感染后，病斑多着生在分枝处，呈椭圆形或菱形，褐色、稍凹陷，具同心轮纹，植株易从病部折断。果实受害，多在果蒂部附近开始，初为椭圆形暗褐色病斑，凹陷，有裂缝、同心纹，病部较硬，上面密生黑色霉层，后期病果易开裂。

防治措施：播种前温汤浸种，可杀死附着在种子表面的病菌；夏秋播种时，使用药土在种子上撒药预防；定植前喷70％代森锰锌可湿性粉剂500倍液或百菌清可湿性粉剂500倍液进行防病；设施内加强通风、排湿；发病初用50％异菌脲因可湿性粉剂800～1 200倍液或80％代森锰锌可湿性粉剂800倍液或50％多菌灵可湿性粉剂500倍液或50％异菌·福800倍液等交替喷洒；设施内可用百菌清烟雾剂熏蒸。

3. 晚疫病 设施栽培和露地栽培均常发生，樱桃番茄茎、叶、果实均可受害，苗期、成株期均可发病，以叶和青果被害最重。幼苗期发病，病斑由叶片向主茎蔓延，叶柄及茎病变部变成黑褐色、腐烂，植株折倒。成株多由下部叶片先发病，初期在清晨露水未干时，可见到叶背呈水渍状，日出后症状消失，次日叶片出现褐色病斑，潮湿时边缘着生白色霉层。茎上病斑呈黑色腐败状，植株易萎蔫或折断。果实上病斑主要发生于青果，病斑初为油渍状、暗绿色，渐变棕褐色，病部呈不规则云纹状，病斑质地硬，潮湿时上生少量白霉。

防治措施：早发现、早治疗，在易发病季节，每日清晨到田间逐行查看，见到叶片有水渍状（病的前兆），立即喷药，可不产生症状。如果错过，次日在田间发现中心病株，及时喷药。可以用72％霜脲·锰锌可湿性粉剂600～800倍液或70％甲呋酰胺·锰锌可湿性粉剂500～600倍液或69％烯酰吗啉·锰锌可湿性粉剂1 000倍液或72％霜脲·锰锌可湿性粉剂500～700倍液或40％多菌灵磺酸盐800倍液喷洒，连喷2～3次。

4. 叶霉病　设施常见病害。表现为叶片由下至上产生病斑，初发期叶片出现不规则退绿黄斑，叶背着生灰棕色或紫灰色绒状霉层；病斑发展后可连片，失去光合能力，最后叶片枯死。偶然有危害果实现象，病斑从蒂部发生，近圆形、黑色、凹陷、质硬。

防治措施：使用抗病品种；设施内加强放风、排湿。如果已发病，可使用43％菌力克可湿性粉剂4 000倍液，或40％福星乳油4 000～6 000倍液，或80％代森锰锌可湿性粉剂300～500倍液，或70％甲基托布津可湿性粉剂800倍液，或稀释250～300倍的农抗 B0—10 溶液，均匀喷雾防治；也可以用5％加瑞农粉尘剂喷粉防治。注意要交替用药。

五、适时收获

樱桃番茄的结果数多，植株上不同果穗或同一果穗上的不同果实陆续生长、陆续成熟、陆续采收，所以采收较费工。采收时应从果柄的离层摘取。对于黄果品种要在果实七八成熟时采收。

应结合市场行情进行采摘销售，采收后分级包装运输，并进行低温保鲜，以提高经济效益。

■ 知识评价

一、填空题（51分，每空3分）

1. 樱桃番茄一般定植后1周内应_____，以促进缓苗。

2. 樱桃番茄要稀植，一般株距_____ cm、行距_____ cm，每 667m² 栽_____株。

3. 樱桃番茄为_____性蔬菜，最适宜的生育温度为_____℃。种子的发芽最低温为_____℃，最适温为_____℃。

4. 樱桃番茄生产中施肥应以_____为主，_____充足的情况下，第_____花序开花时开始追肥，_____不足时第_____花序开花时开始追肥，结合膜下浇水，每 667m² 冲施_____、_____、_____三元复合肥 15～20kg，原则上_____一次。

二、判断题（12分，每题3分）

1. 樱桃番茄的植株属于有限生长类型。（　　）

2. 樱桃番茄育苗移栽主根被切断后会刺激侧根的发育，反而能促进壮苗。（　　）

3. 樱桃番茄、茄子、马铃薯可以实行3年以上轮作。（　　）

4. 樱桃番茄生产上常用的整枝方式是单干整枝，只保留主枝，其余侧枝全部打掉。　　　　　　　　　　　　　　　　　　　　　（　　　）

三、简答题（37 分）

1. 生产中如何选择樱桃番茄品种？列举出 5 个品种，并说明各品种的主要特性。（20 分）

2. 写出苗床育苗中从播种到成苗的管理措施。（12 分）

3. 设施种植樱桃番茄如何保花保果？（5 分）

■ 技能评价

在完成樱桃番茄的生产任务之后，对实践进行评价总结，并在教师的组织下进行交流。

1. 在任务实践中遇到了哪些问题？你是如何解决的？

2. 根据自己掌握的知识，分析出现问题的原因。

3. 你认为在实践中哪些地方需要改进？

项目十五

彩椒的生产技术

学习目标

知识：1. 了解彩椒的主要品种。

　　　2. 了解彩椒的生长发育过程及对环境条件的要求。

　　　3. 了解彩椒的栽培季节和茬口安排。

技能：1. 学会根据市场安排彩椒的茬口。

　　　2. 学会彩椒的育苗、移栽、施肥浇水、环境调控等田间管理技术。

基础知识

　　彩椒即彩色甜椒（图 15-1，彩图 38），是各种果皮颜色不同的甜椒的总称，彩椒主要有红色、黄色、绿色、紫色、咖啡色等多种颜色。与普通甜椒不同的是其果大、肉厚，单果质量为 200～400g，果肉厚度达 5～7mm。口感甜中微辛，汁多甜脆，果形方正，果皮光滑，色泽诱人，可促进食欲，并能舒缓压力。

　　彩椒营养价值高，含丰富的维生素 A、B 族维生素、维生素 C、糖类、钙、磷、铁等营养素，

图 15-1　彩　椒

是维生素 A 和维生素 C 含量较高的蔬菜之一，既可作为多种菜肴的配料，也可生食，是一种高档蔬菜。

一、品种介绍

彩椒属于无限生长类型植物，其植株高大，株型直立，生长旺盛。彩椒的大部分品种由欧美国家育成，目前国内种植的优良品种有：

1. 塔兰多 由荷兰瑞克斯旺公司出品的甜椒新品种。

特征特性：植株开展度大，生长能力强，节间短；果实个大，方形，生长速度快，在正常温度下果长 10～12cm，横径 9～10cm，单果质量为 250～300g，较大单果质量可达 400g 以上；成熟果为黄色，表皮光亮，适应绿果、黄果采收，商品性好，耐贮运；抗烟草花叶病毒病、番茄斑萎病毒病和马铃薯 Y 病毒病；适合早春日光温室和春夏大棚种植。

2. 红罗丹 杂交一代彩椒，为瑞士先正达公司产品。

特征特性：果实长方形，果皮光滑，成熟时由绿转红，耐运输；果实高 15cm，横径 9cm，果肉厚 0.7cm，单果质量为 250g 左右；植株生长势强，耐低温，抗病毒病；克服了生长势强和坐果率低的矛盾，在越冬温室中坐果容易，适宜越冬温室栽培。

3. 德赛罗 杂交一代品种，由法国克鲁斯公司引进。

特征特性：果实方型，高 11cm 左右，横径 10cm 左右，果肉厚、汁多，口感甘甜、无辣味，不易出现裂果现象；单果质量为 250g 左右；果实硬，耐挤压，适合贮运；果皮光滑，色泽鲜艳，外观好；生长势较强，抗病，耐高温，适合夏秋高温季节种植，也适宜早春和越冬种植。

4. 金凯蒂 杂交一代品种，引自美国 BHN 种子公司。

特征特性：果实灯笼形，长 11.5cm 左右，横径 11.5cm 左右，平均单果质量为 300g 左右，果实个大，果肉厚，果皮光滑，商品性好，耐贮运；植株长势强，连续结果能力强，膨果速度快；抗病性强，高抗细菌性叶斑病、烟草花叶病毒病和马铃薯病毒病；果实成熟时由绿转黄，成熟果鲜黄色，适合绿、黄果采收。

5. 瓦尔特 中晚熟杂交品种，引自荷兰维特国际种业有限公司。

特征特性：果实方形，高 10cm，横径 9cm，单果质量为 200～280g。果形整齐，果壁肉厚，多为 4 心室果，可采收黄果或绿果；植株中高，叶大深绿，高产抗病，抗烟草花叶病毒病、番茄斑萎病毒病和马铃薯条斑病毒病；适宜越冬温室、早春日光温室或越夏种植。

6. 橘西亚 杂交一代彩椒，引自瑞士先正达公司。

特征特性：果实方形，长 10cm，横径 10cm，多为 4 心室，平均单果质量为 200g，成熟时由绿色转为鲜艳的橘黄色；植株生长旺盛，坐果能力强，抗病、抗逆性好，适宜越冬茬种植。

7. 紫贵人 杂交一代彩椒系列品种。

特征特性：果实长灯笼形，高 11cm 左右，横径 8cm 左右，平均单果质量为 150g；幼果和商品果皮紫色，成熟后转为紫红色，商品果光亮，肉厚、汁多、口感甘甜、无辣味，不易出现裂果现象，可适当提早采收；生长势中等，株型紧凑，适合密植；抗病，耐低温和弱光，适宜温室冬春和早春茬种植。

8. 白公主 引自荷兰的杂交一代彩椒系列品种。

特征特性：果实方灯笼形，高 10cm 左右，横径 10cm 左右，幼果和商品果皮蜡白色，果肉厚、汁多、口感甘甜、无辣味，不易出现裂果现象，可适当提早采收；单果质量为 170g 左右，果实硬，耐挤压，适合贮运；生长势较强，抗病，适合冬暖大棚冬春和早春种植。

9. 维维尔 从法国威迈种子公司引进。

特征特性：果实长方形，高 15～16cm，横径 10cm 左右，单果质量为 160～180g；果形漂亮，果肉厚、汁多、无辣味、口感甘甜，不易出现裂果现象；果实硬，耐挤压，适合贮运；植株健壮，坐果能力强，高温和低温下坐果良好，抗病性好；适合夏秋高温种植，也适宜早春和越冬种植。

10. 好运紫 该品种由荷兰引进，属中熟品种。

特征特性：株高 60cm 左右，开展度为 50cm 左右，生长旺盛，抗病性特强，耐高温高湿；果实灯笼形，嫩果紫色，果面光滑油亮，长度约 11cm，横径约 8cm，果肉厚 0.5cm，单果质量在 200g 左右，每 667m^2 产量为 10 000kg 左右，每 667m^2 用种量为 3 800 粒；适合在无霜期露地种植及设施种植。

11. 金佳丽 F1 荷兰品系。

特征特性：果型周正，均匀整齐，果色亮黄色，果肉厚、硬度高，货架期长，既可采收黄果也可采收绿果，正常栽培条件下单果质量为 260～320g。植株长势健壮，开展度适中，耐寒性强，坐果能力强，适应性广，抗烟草花叶病毒等多种病害，适宜越冬栽培。

12. 荷兰迪蒙 由荷兰引进的中熟品种。

特征特性：果实方灯笼型，高 10cm 左右。横径 10cm 左右，单果质量为 250g，果实绿转黄，颜色鲜艳亮丽，商品性好，综合抗性强，高产。

13. 东方 F1 荷兰品系。

特征特性：果型周正，均匀整齐，亮度好，果肉厚、硬度高，货架期长，正常栽培条件下单果质量为 260～320g，既可采收红果也可采收绿果，植株长势健壮，开展度适中，耐寒性强，坐果能力强，适应性广，抗烟草花叶病毒等多种病害，适宜越冬种植。

14. 好运黄　杂交一代黄色甜椒品种。

特征特性：株形紧凑，早熟性好，连续坐果能力强；果型方正，3～4 心室，果肉厚，耐储运；单果质量为 180～220g，果实整齐均匀，成熟时由绿色转为黄色，适合作为黄果或绿果采收；抗烟草花叶病毒病和马铃薯 Y 病毒病，适于越夏、秋延迟、越冬和早春设施种植。

二、形态特征

1. 根　彩椒根量少，有两排侧根，方向与子叶平行。根系较浅，根群分布在 30cm 的土层中，育苗移栽时根群集中在 10～15cm 的耕层内。根系发育弱，再生能力差，茎基部不易产生不定根。培育强壮的根系以及保护根系对于彩椒的丰产具有重要意义。

2. 茎　彩椒的茎直立生长，木质化程度高，腋芽萌发力较弱，株冠较小；其分枝结果很有规律。当植株生长到 8～15 片叶时，主茎顶端出现花蕾，蕾下抽生出 2～3 个枝条，枝条长出一叶，其顶端又出花蕾，蕾下再生 2 个枝，不断重复，形成了不同级次的分枝和花。处在同一级次上的花，几乎是同日开放。彩椒通常一级分枝后不能每节形成 2 个分枝，仅有其中的一个腋芽得到发育，向上延伸，使植株直立向上，所以彩椒多密植，有利于增产。

3. 花　彩椒的花为完全花，单生或簇生，花冠白色。彩椒为常自交作物。正常的花花药与雌蕊柱头等长或柱头稍长，在营养不良时，短柱花增多。短柱花常因受粉不良导致落花、落果。

三、生长发育过程

1. 发芽期　从播种、发芽到子叶展平。在正常的育苗条件下，需要 7～12d。

2. 幼苗期　从子叶展平、第一片真叶显现到第一朵花现蕾。在传统的育苗条件下，需要 75～80d，而通过现代育苗技术如工厂化育苗、穴盘育苗等需要 40～55d。幼苗长到 2～3 片真叶时，开始进行花芽分化。

3. 开花坐果期　从第一朵花发育成大花蕾到坐果。此期是其营养生长和生殖生长同时并进的时期，植株处于定植缓苗的阶段，是营养体建成的关键时期，同时又是植株早期花蕾开化坐果，即前期产量形成的重要时期。因此，保证植株营养生长和生殖生长的平衡发展，成为这一阶段管理的中心环节。

4. 结果期　从第一朵花开花坐果到拉秧。此期各层次分枝相继产生，植株连续开花结果，陆续收获果实。该时期是彩椒产量形成的主要阶段，应加强肥水管理，防治病虫害，减少落花、落果，保持茎叶正常生长，延长结果期，提高产量。

四、对环境条件的要求

1. 对温度的要求　彩椒属喜温性蔬菜，不耐霜冻、不耐热。种子发芽的最适温度为 25～30℃，在此温度下发芽需要 4～5d，15℃时发芽需要 10～15d，低于 15℃或高于 35℃，均不利于种子正常发芽。幼苗期的适宜温度为白天 25～30℃，夜间 15～20℃，但在 15～30℃均可正常生长。在生产上为避免植株徒长可以将白天的温度控制在 23～26℃，夜间 18～22℃。花芽分化所需温度大约是 20℃，温度低于 15℃时花芽分化就会受到抑制。开花结果初期的适宜温度为白天 20～25℃，夜间 16～20℃；当温度低于 15℃时将影响正常开花，高于 35℃以上时，花粉变性，不能受精，导致落花、落果。盛果期适宜温度为 25～28℃，当温度低于 10℃时，不能开花，即使是已经坐住的幼果也不容易膨大，而且容易畸形；彩椒转色期最适温度为 25～30℃，所以，在寒冷季节彩椒的果实多因为温度低，转色较慢。在炎热的夏季地温过高对根系发育不利，严重时根系褐变死亡，还容易诱发病毒病。

2. 对光照的要求　辣椒属于中光性植物，对光照度的要求也属中等，较耐弱光，光补偿点为 15 000lx，光饱和点为 30 000lx。高温强光下根系发育不佳，容易发生病毒病和日灼病。但是光照度太小（低于光补偿点），影响彩椒的光合作用，影响有机物质的制造及转运，植株生长衰弱，引起落花、落果，果实畸形。

3. 对水分的要求　彩椒不耐干旱，也不耐涝。彩椒植株本身的需水量不大，但是因为根系不发达需要经常浇水才能丰产。开花坐果期和盛果期对水分的要求严格，如果土壤干旱，水分不足，容易引起落花、落果，影响果实膨大，果皮会出现皱折，形成畸形果，光泽度差，降低产量和商品品质。相反，如果田间积水数小时，植株出现萎蔫、死秧，并引起疫病的流行。此外，空气湿度过大也容易引起落花、落果。过大的空气湿度还容易引起各种病害的发生和流行。一般空气相对湿度以 60％～80％为宜。

4. 对土壤及土壤养分的要求　彩椒对土壤的要求较严格，以肥沃、富含有机质、保水保肥、排水良好、透气性好、土层深厚的沙壤土为宜。对土壤酸碱性适应性广，中性和微酸性及偏碱性的土壤，都可以种植。

彩椒对氮、磷、钾三种元素的要求比较高，对氮、磷、钾的吸收比例为 1∶0.5∶1。同时还需要吸收钙、镁、铁、硼、钼、锰等多种微量元素。

五、栽培季节与制度

彩椒植株长势强，较耐低温、耐弱光，适合在设施内种植。在农业园区的现代化温室中通常是进行长季节种植，而利用日光温室进行秋冬茬、冬春茬生产，其产品主要集中在元旦、春节期间上市，或作为高档礼品菜供应市场，经济效益显著。

 # 任务实施

一、品种选择

在选择和确定彩椒种植品种时应考虑设施类型、当地的种植茬口及品种特性，除此之外，还要迎合消费者和市场的要求，尽可能实现效益的最大化。
购种时应能保证种子的纯净度和质量。

二、培育适龄壮苗

彩椒采用穴盘育小苗的日历苗龄为 40～50d，营养钵育大苗的日历苗龄为 60～70d。健壮的幼苗应满足根系发达、完整，茎秆粗壮、节间短，叶色浓绿、叶片肥厚、无病虫、无损伤的条件。

步骤 1　育苗设备的准备

在温室内选择温光条件较好的地段设置育苗床，最好采用容器育苗。可以使用容器一次成苗，也可以分苗前使用苗床，然后分苗到营养块、营养钵等容器。夏季育苗需要采取降温措施，如采用遮阳网。

步骤 2　播种

常规育苗一般按每 667m² 30～60g 的种子量准备。

播前用温汤浸种预防菌核病、枯萎病、疫病，硫酸铜溶液浸种（1％的硫酸铜溶液浸种 5min，然后用清水冲洗干净）可以防治炭疽病和疮痂病，或再用磷酸三钠浸种防治病毒病。

播种时要浇足底水，覆土厚度应在 0.5～1.0cm。

步骤 3　苗期管理

播种后出苗前，苗床温度白天为 25～30℃，夜间为 20～22℃。齐苗后通风降温，到分苗前，苗床温度白天控制在 25～28℃，夜间为 18～20℃，超过 30℃放风。

1～2 片真叶时及时分苗，分苗使用的容器直径要大于 10cm。分苗后缓苗期间白天温度控制在 25～30℃，夜间为 18～20℃，超过 32℃放风。缓苗后到定植前白天温度控制在 23～28℃，夜间为 15～17℃，超过 30℃放风。

定植前 10～15d 开始加大通风，降温炼苗，白天温度为 15～20℃，夜间为 5～10℃。

三、定植

步骤 1　确定定植时期

各地区可根据当地的气候特点和幼苗的长势，选择定植时期。

步骤 2　整地、施基肥、做畦

彩椒的生长期长，产量高，要施足基肥。结合整地每 667m² 施入腐熟优质粪肥7 500～10 000kg，并掺过磷酸钙 30kg 混匀后分层施入，与土壤掺匀、耙平。

按照大行 70cm、小行 50cm、高 10～15cm 做小高畦。

步骤 3　定植方法

定植前一天浇水，避免散坨。在做好的畦上开定植沟，沟内按株距 40cm 摆苗，栽后浇足水。彩椒植株长势强，应适当稀植，每 667m² 栽苗 2 000～2 300株。定植时应淘汰病、弱、小苗。

四、定植后的田间管理

步骤 1　温度管理

定植后 1 周内要密闭不通风，棚温维持在 28～32℃，以加速缓苗。当心叶颜色转淡开始生长表明已经缓苗，这时白天棚温降至 25～28℃，高于 30℃时放风降温，低于 25℃时闭风，夜温为 18～20℃，最低不能低于 15℃。进入开花结果期，夜温应控制在 15～18℃，如果高于 20℃，果实膨大加快，但植株趋向衰弱；夜温在 15℃以下时，对果实生长不利，甚至容易出现"僵果"。

寒流来临应及时加盖二层幕、小拱棚等，防治低温冷害；夏季来临后应将棚膜卷起，顶部也打开通风口放对流风。

步骤 2　肥水管理

定植水浇足后，一般在"门椒"坐果前不需要浇水。2～3d 后中耕松土，提高地温，然后盖地膜。缓苗后如果土壤水分不足可以在地膜下浇缓苗水，水量可以大些，然后适当蹲苗，促进根系生长。当大部分植株"门椒"坐果膨大时，结束蹲苗开始追肥浇水，每 667m² 随水冲施尿素 10kg、磷酸二铵15kg，进入盛果期再追肥 2～3 次，还可叶面喷肥，每周喷 0.2%～0.3%磷酸二氢钾 1 次。浇水次数和浇水量应根据植株长势、土壤墒情来定。但必须保持地面经常湿润。每次浇水后要加强放风排湿，保持棚内空气相对湿度在70％以下，阴天也要适当放风排湿，雨雪天关闭风口防止雨雪水淋入棚内诱发病害。

步骤3　整枝

当进入盛果期后，植株生长旺盛，为了减少养分消耗，增加通风透光，需要进行整枝。彩椒通常采用双干整枝或三干整枝的方式。

1. 双干整枝　植株仅保留2个长势旺盛的侧枝，在每个分枝处均保留1个果实，其余长势相对较弱的侧枝和次一级侧枝全部去掉。

2. 三干整枝　在双干整枝的基础上，在"门椒"下再留一条健壮侧枝作为结果枝。

按照整枝方式保留结果枝，摘除掉"门椒"花蕾和基部叶片生出的侧芽。同时植株下部的病叶、老叶、黄叶也要摘除。

步骤4　花果调整

1. 疏花疏果　彩椒的果实较大，转色需要一定的时间，植株上留果多会影响果实的大小及转色期，通常保证单株同时结果数不超过6个，以确保果实质量。

2. 保花保果　当设施环境温度低于20℃或高于30℃时，需要使用植物生长调节剂进行保花保果，可使用防落素（40～45mg/L）喷花或用2，4-滴（20mg/L）点花。

步骤5　病虫害防治

1. 病毒病　受害病株一般表现为花叶、黄化、坏死和畸形等症状，花叶型病株的叶脉轻微退绿，或呈浓、淡绿相间的花叶，病株无明显畸形，植株矮化；黄化型病株叶变黄并出现落叶；坏死型的病株部分组织变褐坏死，表现为条斑、顶枯、坏死斑驳或坏斑；畸形的病株叶片变成线状即蕨叶，植株矮小，分枝极多呈丛枝状。有时几种症状在同一植株上出现，引起落叶、落花、落果。

防治措施：根据实际情况选择适合当地栽培的抗病、高产、优质品种；利用设施早栽植、早结果；播前用10％磷酸三钠浸种20～30min；在分苗定植前和花期分别喷洒0.1％～0.2％硫酸锌；加强栽培管理，实行轮作；用黄色诱蚜或使用银灰色的薄膜、纱窗、涂上银灰色油漆的普通农用薄膜平铺畦面四周以避蚜；发病后可选用20％盐酸吗啉胍·铜可湿性粉剂500倍液或病毒K 300～400倍液或1.5％植病灵乳油1000倍液或NS-83增抗剂100倍液或铜氨合剂400倍与0.1％硫酸锌混匀喷雾防治，隔7～10d喷一次，连喷2～3次。

2. 疫病 彩椒整个生育期都可发生，且容易造成毁灭性损失。苗期受害，茎基部呈水渍状软腐，其上部呈暗绿色而倒伏。成株期茎基部及枝条受害，初为水渍状斑点，后扩大且变黑褐色，并从病处折断，受害株病情发展迅速，染病后20d左右便整株枯死；病果呈不规则暗绿色水渍状病斑，软腐，常见白色霉状物，略皱缩，后渐变为灰白色，最后成褐色或黑色"僵果"；根部受害变褐色、腐烂，植株萎蔫，但维管束不变色。

防治措施：避免与茄科、葫芦科作物连作；用25%甲霜灵1 000倍液浸种2h；采用高畦种植，避免积水，注意控制浇水量和次数；定植后用氧氯化铜800~1 000倍液淋根部并喷洒植株；发病后用霜霉威盐酸盐、霜脲·锰锌、氢氧化铜、甲霜灵喷洒防治。

3. 青枯病 土传病害，危害初期只有个别枝条的叶片或一片叶的局部呈现萎蔫，后扩展到全株，叶片初呈淡绿色，后变褐枯死；病茎外表症状不明显，纵剖其木质部变褐，髓部腐烂空心，用手挤压可见乳白色液体溢出，有别于枯萎病。该病在高温多湿的条件下极易发生。

防治措施：以预防为主，实行轮作，高畦种植；定植后用氧氯化铜800~1 000倍液淋根部并喷洒植株；发病初期喷硫酸链霉素或用77%氢氧化铜500倍液与硫酸链霉素4 000倍液交替灌根，每株250g，隔7~10d一次，连用2~3次。

4. 炭疽病 危害叶片及果实。叶片受害后初呈水渍状病斑，后逐渐扩大成褐色，近圆形，有轮纹；感病果实出现褐色椭圆形至长圆形病斑，凹陷，有同心轮纹，并常附生小黑点；发病严重时，造成植株大量落叶，果实腐烂。

防治措施：雨后及时排水，避免积水；选择较通风的地方种植；发病初期喷洒70%甲基托布津可湿性粉剂800倍液或75%百菌清可湿性粉剂600倍液或氧氯化铜800倍液防治。

五、采收

1. 采收适期 彩椒的最佳采收时期是红、黄、橙色的品种在果实完全转色，显现本品种特有颜色时采收；紫色、白色品种在果实膨大结束，充分变厚时采收。

2. 采收方法 彩椒作为一种高档蔬菜，销售时对质量的要求较严格，采收时应从果柄与植株连接处剪切，不可用手扭断，避免损伤植株，感染病害。

3. 包装上市 采后按大小分级，采取薄膜托盘密封包装，在低温条件下进行运输、销售、短期保鲜。薄膜密封包装可以避免彩椒果实采后失水导致的果皮皱缩现象。每个托盘包装内可以装同一颜色果实，也可以装2~3种颜色果实，方便食用时搭配。

■ 知识评价

一、填空题（52分，每空4分）

1. 彩椒属于_____类型，植株高大，株型直立，生长旺盛。

2. 彩椒的种子发芽适宜温度为_____℃，低于_____℃或高于_____℃，均不利于正常发芽。

3. 彩椒定植缓苗后白天棚温降至_____℃，高于_____℃时放风降温，低于_____℃时闭风，夜温_____℃，最低不能低于_____℃。

4. 当设施环境温度低于_____℃或高于_____℃时，需要使用植物生长调节剂进行保花保果，可使用_____喷花或用_____点花。

二、判断题（8分，每题2分）

1. 定植水浇足后，一般在"门椒"坐果前不需要浇水。　　　　（　　）

2. 彩椒植株开张度小，应适当密植，利于提高产量。　　　　（　　）

3. 紫色、白色品种在果实膨大结束，并完全转色，显现本品种特有颜色时采收。　　　　　　　　　　　　　　　　　　　　　　　　　（　　）

4. 采收彩椒果实可以用剪刀在果柄与植株连接处剪切，也可用手扭断。

（　　）

三、简答题（40分）

1. 简述设施生产中彩椒的管理技术。（20分）

2. 彩椒种植中如何进行整枝？（12分）

3. 彩椒产品采收后如何上市销售？（8分）

■ 技能评价

在完成彩椒的生产任务之后，对实践进行评价总结，并在教师的组织下进行交流。

1. 在任务实践中遇到了哪些问题？你是如何解决的？

2. 根据自己掌握的知识，分析出现问题的原因。

3. 你认为在实践中哪些地方需要改进？

项目十六

紫长茄的生产技术

 学习目标

知识：1. 了解紫长茄的主要品种。

2. 了解紫长茄的生长发育过程及对环境条件的要求。

3. 了解紫长茄的栽培季节和茬口安排。

技能：1. 学会安排紫长茄的栽培季节及茬口。

2. 学会紫长茄的育苗、移栽、施肥、浇水等田间管理技术。

基础知识

紫长茄（图16-1，彩图39）属于茄科茄属一年生草本植物，是近年来发展的高档蔬菜的种类之一。其果皮紫红色、有光泽，果肉洁白、肉质柔嫩，种子少，除含有其他品种茄子共有的蛋白质、脂肪、磷、钙、铁、维生素等营养成分外，还含有维生素P，具有柔和血管壁、增强毛细血管弹性，防治高血压、脑出血、咯血病、紫斑病，促进伤口愈合，预防坏血病之功效。

图 16-1　紫长茄

一、品种介绍

紫长茄属于茄子栽培中的一个变种，其果实长棒状，依品种不同，长度从

25cm 至 40cm 不等。紫长茄果皮较薄，果肉软嫩，种子较少，果实不耐挤压，耐贮运能力比较差。该类品种多早熟，耐阴和潮湿，适合于设施种植。生产中常用的优良品种有：

1. 布利塔　由荷兰瑞克斯旺公司培育的高产、抗病、耐低温优良品种。

特征特性：该品种早熟，叶片中等大小，无刺，花萼小，果实长形，长 25～35cm，果径 6～8cm，单果质量 400～450g，紫黑色，质地光滑油亮，绿萼、绿把；植株为无限生长型，开展度大，生长速度快，采收期长，丰产性好，正常栽培条件下，每 667m² 产 18 000kg 以上；适用于日光温室、大棚多层覆盖越冬及春提早种植。

2. 尼罗　荷兰瑞克斯旺公司育成的杂交一代品种。

特征特性：植株为无限生长型，株型直立，开展度大，花萼小，叶片小或中等，无刺，连续结果能力强，采收期长，丰产性好；果实长形，平均果长 28～35cm，果径 5～7cm，颜色紫黑，质地光滑油亮，绿把、绿萼、萼无刺；单果重 250～300g，每 667m² 产 15 000kg 以上；早熟品种，较耐低温，品种抗性强，较耐病，适宜冬季、早春设施种植。

3. 大黑龙

特征特性：极早熟、高产；果长 35～40cm，果径 4cm 左右，果皮薄，几乎无籽，果肉细嫩，不易老，口感特好，果皮为紫黑色，着色好，有光泽；耐弱光，植株分枝多，前期和后期产量都很高，可提早上市和延迟收获；低温长势强，几乎没有畸形果，商品性极佳；极具耐寒，抗病性强，能抵抗低温、多湿条件下的各种病害，适宜冬暖大棚早春茬种植。

4. 黑丽人长茄

特征特性：中熟杂交一代品种，果实长棒状，果形顺直，萼片绿色，单果质量为 350～400g，果色油黑亮丽，光泽度强，货架期长，耐运输；植株生长势强，节间短，坐果力强，抗逆性强，抗病，高产。

5. 利箭　从荷兰奔司马种子公司引进。

特征特性：中晚熟杂种一代品种，植株生长旺盛，开展度大，连续坐果能力强，果形整齐一致，产量高而稳定；果长 25～35cm，果径 4～6cm，单果质量 200～300g，果皮为黑色，有光泽，果梗绿色、较长，易采收；果肉致密紧实，商品性好，耐贮运；抗黄萎病和红蜘蛛，耐低温能力强，适合越冬栽培。

6. 济杂长茄 1 号　由济南市农业科学研究所育成的中熟杂种一代品种，适于冬暖大棚越冬茬栽培。

特征特性：植株长势较强，直立性好；坐果力强，花果多；抗性强，耐低温、弱光；第 8～9 片真叶现蕾，果实粗长油亮，耐老化，亮度高，即使在弱光的 1～2 月，果实仍呈现黑紫油亮颜色，不出现"青头顶"；果实长椭圆形，单果质量为 400～500g，果实种子少、果肉厚嫩、质地细密，品质好，具有高产潜力。

7. 京茄 10 号　由北京市农林科学院蔬菜研究中心育成。

特征特性：该品种植株生长势强，株型直立，分枝有规律；叶色深紫，叶片大，单株结果数多，特别是连续结果能力强，可同时坐果 6～8 个而不坠秧；果实长棒形，果长 30～40cm，果实横径 6～7cm，单果质量为 300g 左右，每 667m² 产量 4 000kg 以上；果皮紫黑色、有光泽，果肉浅绿白色、肉质细嫩，品质佳，商品性极好；抗病性强，适应性广；适宜设施和露地及温室长季节栽培。

8. 京茄 20 号　由北京市农林科学院蔬菜研究中心育成的欧洲类型长茄杂种一代，适宜设施长季节栽培。

特征特性：植株长势强，耐贮运，绿萼片，易坐果，果实黑紫色，果皮光滑油亮，光泽度极佳；果柄及萼片呈鲜绿色；果形棒状，果长 25～30cm，果实横径 5～8cm，货架期长。

9. 正源夏卡紫长茄 F₁（506）

特征特性：中熟品种，果实深紫红色，光泽度好，果长 30～35cm，横径 6.0～6.5cm，头尾均匀，单果重 400～600g 左右，每 667m² 产可达 4 000～5 000kg；适应性广，抗性强，抗病性强，春、夏、秋季均可种植。

二、形态特征

1. 根　紫长茄的根系发达，由主根和侧根构成；主根粗而强，垂直生长旺盛，主要根群分布在 30cm 土层中。根系木质化相对较早，再生力比番茄稍差，不定根的发生力也弱，不宜多次移植，种植时要注意保护根系。

2. 茎　紫长茄的茎直立、粗壮、分枝较多、姿态开张，茎和枝条的木质化程度较高。

3. 花　紫长茄花为两性花，白色或紫色，基部合生成筒状，开花时花药顶孔开裂散出花粉。花萼宿存，其上有刺。紫长茄自花授粉率高，天然杂交率在 3%～6%。根据花柱长短不同，可分为长柱花、中柱花和短柱花（图 16-2）。长柱花柱头高出花药，花大、色深，容易在柱头上授粉，为健全花；中柱花的柱头与花平齐，授粉率比长柱花低；短柱花的柱头低于花药，花小、花梗细，柱头上授粉的机会非常少，通常几乎完全落花，为不健全花。

4. 果实　紫长茄果实的发育历经现蕾期、露瓣期、开花期、凋瓣期、瞪眼期（果实膨大从萼片中露出，光亮似眼球）、商品成熟期和生理成熟期，各期经历的天数随栽培条件、品种的不同而异。

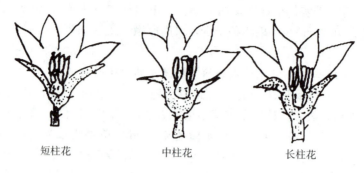

短柱花　　　　　　中柱花　　　　　　长柱花

图 16-2　茄子的花型

三、分枝结果习性

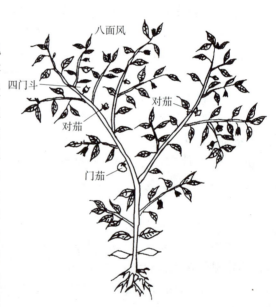

图 16-3　茄子的分枝结果习性
（引自《蔬菜栽培》，2001）

紫长茄分枝结果较为规律。当主茎达一定叶数，顶芽分化形成花芽后，其下端邻近的两个叶腋抽生侧枝，代替主茎，构成双权假轴分枝；侧枝上生出 2～3 片叶后，顶端又现蕾封顶，其下端两个腋芽又抽生两个侧枝，如此继续向上生长，陆续开花结果。按果实形成的先后顺序，分别称为"门茄""对茄""四门斗""八面风""满天星"（图 16-3）。实际上一般只有 1～3 次分枝比较规律，结果良好，这也说明紫长茄的结果的潜力很大，在生产中要采取合理措施培育健壮的植株体，为结果打好基础。

四、生长发育过程

1. **发芽期**　种子萌动至第一片真叶显露，正常温度下需要 15～20d。

2. **幼苗期**　由第一片真叶出现到"门茄"现蕾，一般需 50～70d。

3. **开花坐果期**　"门茄"现蕾至瞪眼期，一般需 10～15d。

4. **结果期**　"门茄"瞪眼期至拉秧。

五、对环境条件的要求

1. 对温度的要求　紫长茄属于喜温性蔬菜，耐热性较强。种子发芽适温为25～30℃，采用变温处理可促进种子发芽；低于25℃发芽缓慢、不整齐。生长发育的适温为20～30℃，低于20℃以下授粉、受精和果实发育不良，低于15～17℃容易落花，低于13℃植株生长停止。紫长茄容易受高温、低温危害，低于15℃生长缓慢，易形成落花，遇霜冻死亡；超过35℃，茎叶能正常生长，但会造成花器官发育障碍，短柱花比例升高，果实畸形或落花、落果。

2. 对光照的要求　紫长茄属于喜光性蔬菜，对光照时间及光照度的要求都较高。在日照时间长、日照强度高的条件下，生育旺盛，花芽分化早、开花早、质量好，果实产量高、着色佳。相反，在弱光下，日照时间短的条件下，将降低花芽分化的质量，短柱花增多，果实的着色会受到明显的影响。

3. 对水分的要求　紫长茄产量高、需水量大，适宜的土壤相对湿度为田间最大持水量的70%～80%，适宜的空气相对湿度为70%～80%。紫长茄耐旱不耐涝，不耐通气不良，过于潮湿的土壤易出现沤根。

4. 对土壤及土壤养分的要求　紫长茄对土壤和肥料要求较高，适于在富含有机质、保水保肥能力强的土壤中种植。对氮肥的要求较高，缺氮时延迟花芽分化，花数明显减少，尤其在开花盛期，如果氮不足，短柱花变多，植株发育也不好。紫长茄耐肥，氮、磷、钾同时配合施用效果好。

六、栽培季节与制度

紫长茄多为早熟品种，耐阴和潮湿，适合于设施种植，特别是日光温室、塑料大棚种植效益很高，并且逐步采用了嫁接技术，有效克服了土壤连作障碍及黄萎病、枯萎病的发生。设施栽培的主要茬口有日光温室冬春茬、春茬、秋冬茬以及大中棚春茬。

■■ 任务实施

一、品种选择

紫长茄栽培进行品种选择时一方面要考虑不同茬口温度、光照等环境条件的特点，另一方面要了解市场供销情况、消费者的消费习惯，综合选择种植的品种。如日光温室冬春茬应选耐低温、耐弱光能力强，抗病，果实品质、形状、果色符合消费习惯的品种。

购种时要注意选择质量有保证的正规企业生产的种子。

二、培育适龄壮苗

紫长茄栽培时为了提早上市，需要培育苗龄较长的大苗，通常苗龄为90～100d。定植时壮苗的标准是：幼苗株高18～20cm，8～9片叶，"门茄"有70％以上现蕾，茎粗壮、紫色，根系发达。

（一）常规育苗技术要点

步骤1　育苗土配制

紫长茄幼苗对于土壤温度、湿度、营养和通气性有严格的要求，要增加土壤中马粪或草炭的比例，为使土壤中含有较充足的速效氮、磷、钾等元素，可以在每立方米育苗土中加入尿素200～250g、过磷酸钙10kg。

步骤2　种子处理

紫长茄种子处理采用温汤浸种、变温催芽，一天中30℃温度下催芽16h，然后放在20℃温度下8h，如此反复，5～6d后，即有75％的种子露白。变温催芽可以使种子提早萌芽，种芽粗壮、整齐一致。

步骤3　播种

紫长茄的种子播种细节参照本书项目一相关内容。

步骤4　播后管理

紫长茄播种后出土前使室温达到25～30℃，光照均匀，5～6d后可出齐苗。齐苗后降低室温，白天温度保持在20～25℃，夜间为20℃，超过28℃时适量通风，通风时不可过大过猛，室温降至20℃左右时停止放风。在子叶已展开、第一片真叶吐尖时可提高室温，白天为25～28℃，夜间为16～18℃，不低于15℃，促其真叶生长顺利。一般情况下不喷水，更不能浇大水。待幼苗长到2片真叶时通过交错变换通风口，加大通风量，使幼苗经受锻炼。当幼苗茎粗壮，叶片色深、肥厚时进行分苗。

步骤5　分苗

紫长茄根系再生能力差，新根发生困难，一般只在幼苗2片真叶、花芽分化尚未开始时一次性移植到育苗容器中即可，容器分苗更有利于保护根系。移植前1～2d在容器中浇足水，以底部见湿为准。育苗期间适宜的地温为20～23℃，一般要高于16℃。

步骤6　分苗后管理

紫长茄分苗后室温白天保持在25～28℃，夜间为16～18℃，昼夜温差10℃左右。给予幼苗充足的光照、适宜的水分有利于形成壮苗。

定植前10～15d浇大水，然后通风炼苗。

（二）嫁接育苗技术要点

适合紫长茄的嫁接方法主要有劈接法、靠接法、插接法，在山西等地多采用劈接法。劈接法一般是大茄苗嫁接（图16-4，彩图40），其苗茎粗硬，易于劈裂。

图16-4　采用劈接法嫁接的茄苗

步骤1　确定接穗苗、砧木苗播期

接穗苗一般于8月上旬至9月上旬播种，育苗期75d左右，用野生茄托鲁巴姆做砧木，砧木苗比接穗苗早播25d。

步骤2　播种

为促进砧木苗发芽，播种前用150～200mg/L的赤霉素浸种48h，然后播种，覆土厚度2～3mm，最好覆盖药土，放在白天温度35℃、夜温15℃的条件下8～10d可发芽，2叶1心时分苗到营养钵中。

当砧木苗子叶展平真叶显露时播种接穗。播种接穗采用营养钵，方法与常规育苗一样。

步骤3　嫁接

砧木苗具有5～6片真叶，接穗苗具有3～4片真叶、茎粗达0.5cm时采用劈接法嫁接。方法是砧木基部留1～2片真叶，平切掉砧木上半部，从切口茎中央垂直向下直切1.2cm深。选择与砧木茎粗细一致的接穗，留2～3片真叶断茎，将接穗基部削成双斜面楔形，插入砧木的切口中，对齐后用专用嫁接夹固定。

步骤4　嫁接苗管理

嫁接苗的管理参照本书项目一任务三中相关内容。嫁接苗充分成活后即可定植。

三、合理密植

步骤1　整地、施基肥、做畦

一般每667m² 施腐熟农家肥5 000～7 500kg 做底肥，深翻40cm左右，精细整地。按畦宽50cm、沟宽80cm、高15cm起垄。

步骤2　定植方法

选择寒流刚过的回暖期定植，可以保证幼苗定植后的3～5d内维持晴好天气，有助缓苗。

定植时垄上开深沟，每沟撒磷酸二铵100g、硫酸钾100g，肥土混合均匀，按照株距45～50cm摆苗，覆少量土，浇透水（水要浇到垄面为准）后合垄，定植深度以苗坨与地表持平为宜，然后覆地膜并引苗出膜外。每667m²栽苗1 500～1 800株。嫁接苗要适当稀植，不宜过密。

四、定植后的田间管理

步骤1　缓苗期温度管理

定植后1～2d晴天放花帘遮阳，防止幼苗萎蔫。低温季节要加强防寒保温，缓苗期白天温度在30℃，超过35℃才逐渐放风，降到25℃闭风，夜间不低于15℃。

定植后4～5d选晴朗天气在膜下灌缓苗水。

步骤2　缓苗后温度、光照管理

缓苗后降低温度，白天保持在20～30℃，超过30℃放风，温度降到25℃以下缩小风口，20℃时关闭风口，夜间最好保持15℃左右。开花结果期，实行四段变温管理，即上午25～28℃，下午24～20℃，上半夜不低于16℃，下半夜控制在15～10℃，地温保持在13℃以上。

设施内可通过张挂反光幕、擦拭薄膜、延长见光时间等措施改善光照条件。结果期勤整枝、打杈，保持田间良好的透光性。

步骤3　缓苗后肥水管理

浇足定植水后，"门茄"坐果前一般不浇水。当50％左右"门茄"长3～4cm时及时追肥浇水，浇水必须保证浇水后有2d以上晴天并在上午10时前完成。低温期一般每15d左右、高温期每10d左右追一次肥，结合灌水追肥，化肥与有机肥交替施用，"门茄"膨大时每667m²施三元复合肥25kg，溶解后随水冲施。"对茄"采收后每667m²再追施磷酸二铵15kg、硫酸钾10kg。整个生育期可每周喷施一次磷酸二氢钾等叶面肥。

步骤4　保花保果

低温季节为防止落果、产生僵果需要进行植物调节剂处理。在花开放一半时用防落素30～35mg/kg喷花，也可用20～35mg/kg的2,4-滴毛笔蘸花，涂抹花萼和花朵，抹花时加入1000倍液的腐霉利或乙烯菌核利，能防止灰霉病的传播。每花只处理1次，不可重复处理。春、秋季节用低限浓度，深冬季节用高限浓度。

步骤5　植株调整

为创造一个良好的群体结构，保证高产、优质，紫长茄冬季设施中采取双干整枝："对茄"以上留2个结果主枝，每个主枝上留1个茄子，每层果留2

个茄子，以后的侧枝全部去除。除整枝外，以后随着植株生长，要及时将下部老叶、黄叶、病叶及残枝、弱枝摘除或者剪掉。整枝摘叶时，要将摘下的枝叶集中堆埋或晒干烧掉，不要随意丢在田间，以免引发病虫害。

步骤 6　防治病虫害

紫长茄病害主要有青枯病、白粉病等；虫害主要有茶黄螨、蓟马、白粉虱等。

1. 青枯病　细菌引起的病害。发病初期个别枝条的叶片或一片叶的局部呈现萎蔫状，后逐渐扩展到整株枝条上。病叶初呈淡绿色，后变褐焦枯，病叶脱落或残留在枝条上。将茎部皮层剥开能观察到木质部呈褐色，这种变色从根颈部起一直可以延伸到上面枝条的木质部。枝条里面的髓部大多腐烂空心。用手挤压病茎的横切面，有乳白色的黏液渗出。

防治措施：与葱、蒜轮作，避免连作；利用嫁接育苗；定植地块每 $667m^2$ 增施石灰 $50 \sim 100kg$，使土壤酸碱度偏碱性；定植移栽时或定植缓苗时用青枯立克 $50 \sim 100mL$ 对水 $15kg$ 进行全面灌根 1 次；发病初采用 3.85% 青枯一次净与 30% 枯克 $600 \sim 800$ 倍液混匀，$7 \sim 10d$ 喷施一次，连续 $4 \sim 5$ 次；当田间发现病株时，应及时拔除，并在病穴周围灌施青枯一次净 800 倍液或 20% 石灰水，防止病菌扩散蔓延。

2. 白粉病　主要为害叶片，发病初期叶片正、背面产生白色近圆形小粉斑，白粉斑逐渐扩大连片。后期叶片布满白粉，变成灰白色，发病严重时整个叶片枯死。在高温高湿条件下发病蔓延快，可用 15% 三唑酮 600 倍液或 45% 石硫合剂结晶体 150 倍液喷施防治。

防治措施：温汤浸种或用 15% 三唑酮可湿性粉剂拌种后再播种；定植前设施内每 50 米^3 空间用 120g 硫黄粉混拌 500g 木屑熏蒸一夜；合理密植，避免过量施用氮肥，增施磷、钾肥；降低设施内空气湿度；发病初期可喷 15% 三唑酮可湿性粉剂 1500 倍液或 75% 百菌清可湿性粉剂 600 倍液或 2% 抗霉菌素 120 水剂 200 倍液或 2% 武夷霉素水剂 200 倍液或 30% 氟菌唑可湿性粉剂 2000 倍液等药剂防治，每隔 $5 \sim 7d$ 喷一次，连喷 $2 \sim 3$ 次。

3. 茶黄螨　茄子受害后，叶片变厚、变小、变硬，叶背面茶锈色、油渍状，叶缘向背面卷曲，嫩茎呈锈色，梢颈端枯死，花蕾畸形，不能开花。果实受害后，果面黄褐色粗糙，果皮龟裂，种子外露，严重时呈馒头开花状（图 16-5，彩图 41）。

图 16-5　茶黄螨为害的茄子

防治措施：清洁田园，以减轻次年危害；培育无螨秧苗；在发生初期选用15％哒螨灵乳油3 000倍液、5％唑螨酯悬浮剂3 000倍液、20％三氯杀螨醇、25％喹硫磷乳油、20％哒嗪硫磷乳油1 500倍液、25％的灭螨猛可湿性粉剂1 000～1 500倍液、40％的环丙杀螨醇可湿性粉剂1 500～2 000倍液、20％的复方浏阳霉素1 000倍液等药剂喷雾，一般每隔7～10d喷一次，连喷2～3次，喷药时要各部位都喷到，尤其是生长点、嫩叶背面、嫩茎、花器和幼果。

五、采收

果实充分膨大、呈紫色、有光泽时及早采收，以提高前期产量，增加产值。收获时最好从果柄处剪断，减少碰伤。

■ 知识评价

一、填空题（40分，每空2分）

1. 紫长茄定植时按照株距_____定植，定植深度以_____为宜，每667m² 栽苗_____株。

2. 紫长茄缓苗后白天温度_____℃，超过_____℃放风，温度降到_____℃以下缩小风口，_____℃时关闭风口，夜间最好保持_____℃左右。

3. 低温季节为防止紫长茄落果、产生僵果需要进行_____处理。在花_____时用_____喷花，也可用_____蘸花，涂抹_____，不可_____处理。

4. 为创造一个良好的群体结构，保证高产优质，紫长茄冬季设施中采取_____整枝，_____以上留2个结果主枝，每个主干上留_____个茄子，每层果留_____个茄子，以后的_____全部去除。

二、判断题（9分，每题3分）

1. 紫长茄嫁接苗要适当稀植，不宜过密。　　　　　　　　　　（　　）

2. 紫长茄使用生长素保花时春、秋季节用高限浓度，深冬季节用低限浓度。　　　　　　　　　　　　　　　　　　　　　　　　（　　）

3. 紫长茄青枯病在微酸性和酸性土壤中容易发生。　　　　　（　　）

三、简答题（51分）

1. 紫长茄生产中如何改善冬季光照条件？（11分）

2. 简述定植后紫长茄肥水管理措施。（20分）

3. 简述紫长茄常规育苗技术要点。（20分）

■■ 技能评价

在完成紫长茄的生产任务之后，对实践进行评价总结，并在教师的组织下进行交流。

1. 在任务实践中遇到了哪些问题？你是如何解决的？

2. 根据自己掌握的知识，分析出现问题的原因。

3. 你认为在实践中哪些地方需要改进？

项目十七

迷你黄瓜的生产技术

学习目标

知识：1. 了解迷你黄瓜的主要品种。
2. 了解迷你黄瓜的生长发育过程及对环境条件的要求。
3. 了解迷你黄瓜的栽培季节和茬口安排。

技能：1. 学会安排迷你黄瓜的栽培季节及茬口。
2. 学会迷你黄瓜的育苗、移栽、施肥、浇水等生产管理技术。

■ 基 础 知 识

迷你黄瓜（图 17-1）又称小黄瓜、水果黄瓜，为葫芦科一年生草本蔓生攀缘类植物，与普通黄瓜相比，其瓜型小，一般长 10～18cm，直径约 3cm，质量 100g 左右。迷你黄瓜营养价值丰富，丙醇和乙醇含量居瓜菜类的首位，它们能抑制糖类转变为脂肪，有减肥的功效。除此之外，其含有的葡萄糖苷、果糖、甘露醇、木糖等不参与糖的代谢，适合糖尿病人食用。

迷你黄瓜口感脆嫩、瓜味浓郁、口味偏甜，适合鲜食，是一种高档水果型蔬菜，备受消费者和生产者的青睐，极有广阔的发展前景。

一、品种介绍

迷你黄瓜属北欧温室型黄瓜，

图 17-1　迷你黄瓜

主要作为温室、大棚种植用。其植株生长繁茂，耐低温弱光，对日照长短要求不严，全雌性株，单性结实，瓜码密，每株结瓜达 60 条以上，最多结瓜达 85 条，丰产潜力很大。近年来迷你黄瓜种植面积逐年呈上升趋势，我国迷你黄瓜品种培育工作起步较晚，种子主要依赖进口。生产中常用品种有：

1. 戴多星 从荷兰瑞克斯旺公司引进。

特征特性：该品种生长势中等，生产期较长，植株开展度大，耐弱光；早熟，结果能力较强，孤雌生殖，每节 1～2 个果；果实深绿色，微有棱，采收长度 16～18cm，品质好，味道好；抗黄瓜花叶病毒病，耐霜霉病、叶脉黄纹病毒病和白粉病；适合于早春、秋延后日光温室和大棚种植。

2. 拉迪特 从荷兰瑞克斯旺公司引进。

特征特性：该品种生长势中等，叶片小，产量高，孤雌生殖，多花性；每节 3～4 个果，果实采收长度 12～18cm，表面光滑，味道鲜美；耐高温能力强，耐黄瓜霜霉病，对黄瓜花叶病毒病、叶脉黄纹病毒病、白粉病和疮痂病有抗性；适合于越夏和秋延后日光温室大棚种植。

3. 康德 从荷兰瑞克斯旺公司引进。

特征特性：孤雌生殖，单花性；每节 1～2 个果，果实采收长度 12～18cm，表面光滑，味道鲜美，产量高、品质好，适合出口；生长势旺盛，耐寒性好，耐霜霉病，抗白粉病和疮痂病；适合早春、秋延后、越冬日光温室种植。

4. 黛玉

特征特性：植株长势稳健，根系发达，茎蔓粗壮，叶片浓绿，高抗黄瓜病害，植株全雌性，每节着生 1～2 个雌花，不易化瓜，商品瓜条长 15～17cm，粗 3.5～4.0cm，成瓜速度快，高产稳产，瓜皮白色带点淡绿色，无花头，无棱沟，瓜条整齐美观，肉质厚，口感脆爽浓香，适宜春秋大棚种植。

5. 京研迷你黄瓜 1 号 由北京市农林科学院蔬菜研究中心育成。

特征特性：全雌性，每节 1～2 瓜，瓜长 10cm 左右，无瓜把，光滑无刺，易清洗，不易附着农药，适于生产无公害蔬菜；生长势旺，坐瓜能力强，耐霜霉、白粉等真菌病害，适于温室及春秋大棚种植。

6. 京研迷你黄瓜 2 号 由北京市农林科学院蔬菜研究中心育成。

特征特性：全雌性，每节 1～2 瓜，冬季种植瓜长 11cm 左右，春季瓜长 13cm，无瓜把，光滑无刺，易清洗，不易附着农药，适于生产无公害蔬菜；生长势旺，坐瓜能力强，耐霜霉、白粉等真菌病害，适于温室及春秋大棚种植。

7. 京研迷你黄瓜 4 号 由北京市农林科学院蔬菜研究中心育成。

特征特性：长势较强，小果型，全雌，瓜长 12～14cm，亮绿色、有光泽，无刺瘤，瓜把不明显，瓜条顺直；单性结实能力强，不易早衰；抗霜霉病、白粉病及枯萎病，耐角斑病，耐低温弱光，抗寒性好，适于温室、大棚种植。

8. 京研迷你黄瓜 5 号 由北京市农林科学院蔬菜研究中心育成。

特征特性：全雌性，雌性稳定，植株生长势和持续结果能力强；瓜长 15cm 左右，瓜粗 2.6cm 左右，果皮深绿、光滑，无刺或少刺，心室小，适于生食，品质较好；抗霜霉病、白粉病，耐低温弱光。

9. 洛瓦 由荷兰皇家种子公司培育而成。

特征特性：杂交一代品种，植株生长势强，全雌性，主蔓结瓜为主，每节都可坐瓜，瓜长 14～16cm，果实深绿色，上下粗细一致；果实表面光滑、无刺，易清洗；具有很强的耐低温、弱光能力，抗霜霉病，适合秋延后、越冬、早春种植。

10. 荷兰越吉 F₁ 荷兰原装进口杂交一代水果型黄瓜新品种。

特征特性：无限生长型，植株长势旺盛，节间短，节节有瓜，每节 1～2 个瓜，果长 13～17cm，果实亮绿一致，果面光滑无刺，耐储运，高抗枯萎病、黑星病、白粉病，具有很强的耐低温、弱光能力，适合春秋大棚及日光温室种植。

11. 欧宝 由法国 G.S.N 种子公司培育而成。

特征特性：欧洲型纯雌系品种，植株生长健壮；以主蔓结瓜为主，每节都可坐瓜，瓜长 12～16cm，圆柱形，上下粗细一致，果实中绿色，表面光滑、无刺、无瘤，易清洗；耐贮运，具有很强的耐低温、弱光能力，抗白粉病，适合秋延后、越冬、早春种植。

12. 萨瑞格（HA-454） 从以色列引进的品种。

特征特性：该品种为杂交一代早熟品种，无限生长型，植株生长旺盛；主蔓每节有 2 个以上雌花，每节一般可留 2 个瓜，单果长 14～16cm，果实圆柱形，暗绿色，光滑无刺，在低温下坐果能力强，较耐受白粉病；适用于冬春、早春和秋冬茬种植。

二、生长发育过程

1. 发芽期 从种子萌动到第一片真叶出现（"露真"）为发芽期，适宜条件下需 5～10d。

2. 幼苗期 从"露真"到植株具有 4 叶 1 心、卷须出现为幼苗期，需 20～30d。该期营养生长与生殖生长并进，分化大量的花芽。管理上应在促进根系发育的基础上扩大叶面积，促进花芽分化。

3. 抽蔓期　抽蔓期又称初花期，从植株出现卷须到第一雌花坐住瓜（根瓜坐住）为止，需 15～25d。

4. 结果期　从根瓜坐住到拉秧为结果期。

三、对环境条件的要求

1. 对温度的要求　迷你黄瓜是典型的喜温植物，在整个生长发育期间的生长适温为 15～32℃；白天适温较高，为 20～32℃，夜间适温较低，为 15～18℃，当温度超过 32℃时，就会破坏其光合和呼吸的平衡，植株将停止生长。种子最适发芽温度为 25～30℃，低于 20℃发芽缓慢，发芽低限温度为 12℃，高于 35℃发芽率降低；幼苗期白天适温为 25～29℃，夜间为 15～18℃；结果期白天适温为 25～29℃，夜间为 18～22℃。

迷你黄瓜不耐寒，当温度下降到 10～13℃时停止生长，下降到 0～1℃时则受冻害。但是黄瓜对低温的适应能力常因降温缓急和低温锻炼程度而大不相同。未经低温锻炼的植株，5～10℃就会遭受寒害，2～3℃就会冻死；经过低温锻炼后的植株，不但能忍耐 3℃的低温，甚至遇到短时期的 0℃低温也不致冻死。

迷你黄瓜对地温要求比较严格，生育期间黄瓜的最适宜地温为 20～25℃，最低为 15℃左右。

迷你黄瓜生育期间要求一定的昼夜温差。因为黄瓜白天进行光合作用，夜间呼吸消耗，白天温度高有利于光合作用，夜间温度低可减少呼吸消耗，适宜的昼夜温差能使黄瓜最大限度地积累营养物质。一般白天温度 25～30℃，夜间 13～15℃，昼夜温差 10～15℃较为适宜。

2. 对光照的要求　属于比较耐弱光的蔬菜种类，所以在设施生产中，只要满足了温度条件，冬季仍可进行，光补偿点为 1500lx，光饱和点为 55000lx，生长发育期间最适宜的光照强度为 40000～50000lx。

3. 对水分的要求　对水分要求较高，迷你黄瓜根系入土浅，吸收能力弱，而叶片薄、大，蒸腾量大，所以喜湿不耐旱。另外它的根系需氧量高，田间积水容易发生沤根，所以又怕涝。适宜的空气相对湿度为 80%～90%。

4. 对土壤及土壤养分的要求　迷你黄瓜需要选择富含有机质，透气性良好，排水和保水能力较好的壤土进行栽培。喜微酸性到弱碱性的土壤，pH 在 5.5～6.5 的中酸性土壤最好。迷你黄瓜产量高，需肥量较多，其中生长发育中对氮、磷、钾的吸收量以氮、钾为多，而且 50%～60% 是在收获盛期被吸收的，因此，结瓜盛期追肥很重要。

四、栽培季节与制度

迷你黄瓜以设施种植为主，利用塑料大棚、日光节能温室在早春和秋冬季进行生产，作为特种蔬菜供应元旦、春节及"五一"市场。北方地区迷你黄瓜的种植茬口参考表 17-1。

表 17-1　北方地区迷你黄瓜的种植茬口安排

茬　次	育苗方式	播种期	定植期	主要供应期
日光温室秋冬茬	露地遮阳	8 月中下旬至 9 月上旬	9 月中下旬	10 月中下旬至翌年 1 月上旬
日光温室冬春茬	露地	10 月下旬至 11 月上旬	11 月上旬至 12 月上旬	1 月中下旬至 6 月下旬
日光温室早春茬	早春温室	12 月下旬至翌年 1 月上旬	2 月中下旬	3 月上中旬至 6 月上中旬
塑料大棚春早熟	早春温室	1 月中下旬至 2 月上旬	3 月中下旬	4 月下旬至 7 月下旬
塑料大棚秋延后	露地	7 月上中旬	7 月下旬至 8 月上旬	9 月上旬至 10 月下旬

■ 任务实施

一、品种选择

根据设施类型、种植茬口、市场需求选择适宜的迷你黄瓜品种，应注意购种时选择质量有保证的正规企业生产的种子。

二、培育壮苗

迷你黄瓜壮苗生理指标为株高 10～13cm，茎粗 0.8cm 左右，3～4 片叶，叶片大而厚，颜色浓绿，节间短，下胚轴 3～4cm 长，根系发达而洁白，花芽分化早、无病虫害。

（一）常规育苗技术要点

步骤 1　育苗前的准备

选择地势较高、便于排水灌溉、朝南、向阳、避风的地块做苗床，3～5 年内种过黄瓜、西葫芦、丝瓜等瓜类蔬菜的土壤不能用来配制育苗土。

迷你黄瓜种子价格较贵，育苗时采用精量播种，采用营养钵、纸钵、营养土块护根育苗或穴盘育苗。

步骤 2　播种

1. 晒种　播种前选择晴天晒种 6～12d，以利于出苗整齐。

2. 种子处理　采用温汤浸种可防治黑星病、炭疽病、病毒病、菌核病；也可以用药剂浸种，用 50％多菌灵可湿性粉剂 500 倍液浸种 1h，可防治枯萎病、黑星病。经清毒后的种子浸种 2～3h 后，置于 25～28℃条件下催芽，待 50％～70％种子露白后即可播种。冬春季地温低时或包衣种子干籽直播即可。

播种前浇足底水，使土壤湿润至底。水渗下后，用 72.2％普力克水剂 600 倍液喷洒床土（有效预防苗期猝倒病、立枯病），然后进行点播，播时种子平放，播后覆土 1.0～1.5cm，并覆盖塑料薄膜。待 50％～70％种子出土后及时揭去地膜。

步骤 3　苗期管理

1. 温度管理　从播种至开始出苗，这一阶段应创造适宜的发芽温度，白天温度应保持在 25～30℃，2d 左右开始出芽，此期最低温度应不低于 12℃。从出苗到第一片真叶显露，即从子叶出土开始应及时降温，白天温度应保持在 20～22℃，夜间 12～15℃为宜，此期避免高温，尤其是夜温偏高容易形成徒长苗。从第一片真叶显露到定植前 7～10d，白天温度可保持在 20～25℃，夜间为 13～15℃，利于降低雌花节位。冬季可以通过铺设地热线、大棚内加盖小拱棚等措施使苗床夜温不低于 10℃，短时间不低于 8℃；夏季通过遮阳网等方法将苗床最高温度控制在 35℃，短时间不超过 40℃。

定植前 7～10d 进行低温锻炼，白天温度为 15～20℃，夜间 10～12℃。

2. 水分管理　苗期保持土壤的湿度。播种前浇足底水，苗期以保墒为主，一般不浇水；大部分幼芽拱土时用细潮土封严出芽形成的裂缝，厚度 0.3cm 左右防止戴帽苗；齐苗后再次覆土，保墒的同时控制徒长。

3. 光照管理　苗期给予充足的光照，早揭晚盖草苫，阴天也要正常揭盖草苫来延长光照时间；经常清洗塑料薄膜以增加光照度。

(二) 嫁接育苗技术要点

迷你黄瓜嫁接育苗方法生产上主要采用靠接法和插接法。砧木选用黑籽南瓜或白籽南瓜。迷你黄瓜每 667m² 用种量约为 3 000 粒，黑籽南瓜每 667m² 用种量约为 1kg。

采用靠接法嫁接迷你黄瓜时接穗苗应比砧木苗早播 5～7d；而如果采用插接法嫁接，砧木苗应比接穗苗早播 4～5d。迷你黄瓜采用温汤浸种，当芽长至 2mm 便可播种。南瓜采用前一年采收的种子发芽率较高，但如果用 0.3％过氧化氢浸泡 0.5h，再在阴凉处晾晒 1h，会大大提高发芽率，浸种时间一般以 6～10h 为宜，然后在 28～30℃温度条件下催芽，当芽长至 3mm 时即可播种。

迷你黄瓜种子撒播在苗床上，南瓜种子直接播在营养钵中，1 钵 1 粒，上铺 1cm 左右厚度的药土。药土用 50％多菌灵可湿性粉剂 1.0g 与细土 0.5kg 混合均匀而成。当砧木第一片真叶展开、由黄转绿时，为嫁接最佳时期。

播后管理、嫁接方法及嫁接苗管理参照本书项目一相关内容。

嫁接后 25d 左右，真叶 2～3 片叶时即可定植。

三、合理密植

步骤 1　确定定植时期

各地区可根据当地的气候特点和幼苗的长势，选择定植时期。

步骤 2　整地、施基肥、做畦

种植迷你黄瓜最好与非瓜类作物接茬，在定植前 10～15d 应清理上茬作物，并密闭温室，用硫黄粉进行一次熏蒸。然后根据土壤的肥力状况进行施肥，一般可每 667m² 撒施优质腐熟有机肥 5 000～7 500kg，过磷酸钙 100kg 或磷酸二铵 30～50kg，然后深翻 30～40cm，耙细搂平。

设施种植迷你黄瓜可以采用大小垄栽，也可以做成 1.0～1.2m 的小高畦，畦沟宽 30cm，做畦后畦面覆上地膜。

步骤 3　定植方法

迷你黄瓜定植时要大小苗分级分栽。定植选在晴天进行。

1. 大小垄栽　按 80cm 大行距和 50cm 小行距交替开定植沟，在沟内再施优质腐熟有机肥 5 000kg，与土充分混匀，逐沟灌水造底墒，平均株距 30cm 将苗坨摆入沟，浇足定植水，水下渗后合垄，栽苗深度以合垄后苗坨表面与地表面平齐。每 667m² 栽苗 3 000 株，以株距控制定植总数。定植后要尽快覆盖地膜，将秧苗引出膜外。

2. 畦栽　定植时每畦双行，一般株距为 35～40cm，每 667m² 定植 2 500～3 500 株，夏秋季适当密植。

四、定植后的田间管理

步骤 1　缓苗期

定植后 5～7d 闷棚促根，白天最高温度达到 35℃时放顶风，如温室内过干可在畦间洒水增加空气湿度（空气相对湿度为 70％～80％）。

步骤 2　缓苗后温度、光照管理

1. 温度管理　缓苗后逐渐通风换气，晴天白天温度控制在 25～30℃，夜间为 14～16℃；阴天时白天温度控制在 20～22℃。进入抽蔓期后实行四段变温管理，上午为 26～28℃，下午逐渐降到 20～22℃，前半夜再降至 15～17℃，后半夜降至 10～12℃。白天超过 30℃时从顶部放风，午后降到 20℃时闭风，天气不好要提前闭风，一般室温降到 15℃ 时覆草苫，遇到寒流可在 17～18℃ 时覆草苫。进入盛果期，根据外界气温变化，适当提高室温，上午保持 28～30℃，下午 22～24℃，前半夜 17～19℃，后半夜 12～14℃。深冬季节及阴天时，光照弱，可适当降低温度指标，此时在中午前后短时通风，以降温、排湿、换气。如遇连续晴天，棚室内过于干燥时，可在行间地面淋水，使温室内空气相对湿度控制在 70%～80%。

2. 光照调节　可通过张挂反光幕、擦拭薄膜、延长见光时间等措施改善光照条件。结果期要勤打杈、去老叶，保持田间良好的透光性。

步骤 3　缓苗后肥水管理

定植后 3～5d 如果水分不足时在膜下沟内灌一次缓苗水，水量要大。冬季气温低浇水选择在晴天上午进行。抽蔓期以蹲苗为主，要严格控水，以促根系发育。第一批黄瓜"黑把"时开始浇水，第一批黄瓜收获后开始随水追肥。迷你黄瓜不耐高浓度肥料，追肥应薄肥勤施，既可保持植株生长和连续结果力，又可防止植株烧根。每 667m² 施尿素 3～5kg，磷酸二铵 2～3kg，氯化钾 5～6kg 或三元复合肥 15kg，每 15d 追施一次，叶面要喷施 0.1% 多元螯合微肥 1 次。收获第三批黄瓜后，开始进入结瓜盛期，此阶段产值最高，是创收的关键时期，需 5d 浇水 1 次，隔次施肥，每 667m² 施用尿素 7～9kg，磷酸二铵 4～5kg，氯化钾 5～6kg 或三元复合肥 20kg，叶面喷施 0.1% 多元螯合微肥 1 次。浇水追肥可膜下沟灌，明沟、暗沟交替进行。深冬寒冷季节，可 10～12d 浇水一次，如出现脱肥，可追施叶面肥，也可以施用二氧化碳气肥，施用量为使温室内二氧化碳浓度达 1 000mL/m³。

步骤 4　植株调整

1. 吊蔓绑蔓　迷你黄瓜极易徒长，要及时吊蔓或绑蔓。每长 3～4 片叶绑蔓一次，使植株分布均匀，有利通风透光。

2. 整枝　迷你黄瓜一般采用单蔓整枝，主蔓结瓜。1～5 节位瓜要及早疏掉，从第六节位开始留瓜，6 节以内不留瓜与侧枝，以促进植株长势，6 节以上侧枝、雌花生长点方向留 2 片功能叶后摘心。雌花过多或出现花打顶时要疏去部分雌花，已分化的雌花和幼瓜也要及时去除。

3. 摘心、打底叶　迷你黄瓜生长中后期应及时清除植株底部的病叶、老叶、畸形瓜。

4. 落蔓　迷你黄瓜生长期长，一般不用摘心，进入结瓜后期及时落蔓，植株生长点保持在 1.5m 高度，随瓜蔓生长，逐渐移绳随畦落蔓，并摘除卷须以及下部老化叶片，同时疏掉部分雌花。落蔓后每株要保留 15～16 片绿色叶片，黄瓜维持在 10 条左右。

步骤 5 病虫害防治

迷你黄瓜病虫害防治要以"预防为主，综合防治"为原则，农业防治、物理防治、生物防治、药剂防治相结合。

常用的物理防治措施：设施防护，用防虫网封闭放风口，夏季覆盖塑料薄膜、防虫网和遮阳网，进行避雨、防虫、遮阳栽培，减轻病虫害的发生；夏季棚室通过高温闷棚进行土壤高温消毒处理；温汤浸种，防止种子带菌；铺银灰色地膜或张挂银灰色膜条避蚜；设施内悬挂黄板诱杀蚜虫等害虫，每 $667m^2$ 悬挂 30～40 块；利用频振杀虫灯、黑光灯、高压汞灯、双波灯诱杀害虫。

常见病虫害的防治：

1. 霜霉病 迷你黄瓜苗期、成株期均可发生，主要是叶片表现症状，叶片发病初期出现水渍状浅绿色斑点，扩展很快，1～2d 因扩展受叶脉限制而出现多角形水渍状病斑，尤以早晨水渍状多角病斑十分明显，中午稍隐退，反复1～2d，水渍状病斑开始变黄褐色，此时环境湿度大时病斑背面出现灰黑色霉层，病重时，叶片布满病斑，病斑互相连片，致使叶片边缘卷缩干枯，最后叶片枯黄而死。

防治措施：霜霉病属低温高湿病害，主要控制设施内湿度（空气相对湿度 75％左右），浇水后及时放风，采用膜下灌溉、滴灌等措施降低湿度，及时摘除老叶、病叶，改善通风透光，降低病菌量。定植时喷施 0.2％磷酸二氢钾可有效提高植株长势及抗病能力。黄瓜霜霉病发展极快，药剂防治必须及时。一旦发现中心病株或病区后，应及时摘掉病叶，喷药防治。可以用 64％噁霜·锰锌可湿性粉剂 400 倍液、72.2％霜霉威盐酸盐水剂 800 倍液防治、50％福美双可湿性粉剂 500 倍液，25％甲霜灵 600 倍液、72％霜脲·锰锌可湿性粉剂 750 倍液等药剂，每 4～6d 要喷药一次，喷药应细致，叶面、叶背都要喷到。

2. 白粉病 白粉病俗称白毛病（图 17-2，彩图 42），以叶片受害最重，其次是叶柄和茎，一般不危害果实。发病初期，叶片正面或背面产生白色近圆形的小粉斑，逐渐扩大成边缘不明显的大片白粉区，布满叶面，好像撒了层白粉。抹去白粉，可见叶面褪绿，枯黄变脆。发病严重时，叶面布满白粉，变成灰白色，直至整个叶片枯死。白粉病侵染叶柄和嫩茎后，症状与叶片上的相似，但病斑较小，粉状物也少。

图 17-2 黄瓜白粉病症状

防治措施：选用抗病品种；加强管理，白粉病发生时，可在黄瓜行间浇小水，提高空气湿度，同时结合喷药，能有效控制病害，同时避免过量施用氮肥，增施磷、钾肥，拉秧后清除病残组织等；种植前棚室要进行消毒，可用硫黄或45％百菌清烟剂密封熏蒸一夜；药剂防治，发病前喷27％高脂膜100倍液保护叶片，发病期间，用50％多菌灵可湿性粉剂800倍液或75％百菌清可湿性粉剂600～800倍液或多·硫药剂或2％武夷霉素水剂200倍液或20％抗霉菌素120 200倍液或12.5％烯唑醇可湿性粉剂2000倍液等药剂喷雾防治，每7d喷药一次，连续防治2～3次。喷雾要周到，各种药剂交替使用，防止长期单一使用一种药剂而使病菌产生抗药性，降低防效。

3. 枯萎病　枯萎病是土传病害，成株一般在结瓜后染病，初期病株一侧叶片或叶片的一部分均匀黄化，病株继续生长，继而在茎部一侧出现褪绿色水渍状斑，病斑长条形或不规则形，严重时中午叶片下垂，后期病斑纵向扩大，湿度大时病部产生粉色霉层。茎节部发病，病斑呈不规则多角形，湿度大时有粉色霉层产生，病部维管束变褐。发病后期病斑逐渐包围整个茎部，植株很快枯死。

防治措施：选用抗病品种；选用无病土育苗；与非瓜类作物进行5年以上轮作；利用嫁接育苗；种子消毒，用50％多菌灵可湿性粉剂500倍液浸种1h；加强管理，避免大水漫灌，避免伤根，结瓜期加强水肥管理，提高植株抗病能力；药剂防治，在发病初期进行，可以用50％多菌灵可湿粉剂500倍液或20％甲基立枯磷乳油1 000倍液或50％苯菌灵可湿性粉剂1 500倍液等进行灌根，每株300～500mL，隔7～8d一次。

4. 白粉虱　白粉虱的若虫和成虫吸食植物汁液，被害叶片褪绿、变黄、萎蔫，甚至全株枯死。

防治措施：除采取物理方法之外，可喷洒10％噻嗪酮可湿性粉剂1 000倍液或2.5％氯氟氰菊酯乳油3 000倍液防治。喷药在黄昏后或黎明前进行。

五、采收

迷你黄瓜因瓜形小、生长期短，应及时采收，一般每天上午及傍晚采收。当瓜长13～18cm，直径2～3cm，花已经开始谢时即可采收。用小剪刀将黄瓜剪下，保留0.5cm瓜柄，以确保商品果品质，采后应及时分级、包装、销售。

知识评价

一、填空题（51分，每空3分）

1. 迷你黄瓜嫁接育苗方法生产上主要采用_____和_____。

2. 设施种植迷你黄瓜一般采用＿＿＿＿＿＿定植，按大行距＿＿＿＿＿＿和小行距＿＿＿＿＿＿交替开定植沟，平均株距为＿＿＿＿＿＿，每 667m² 栽苗＿＿＿＿＿＿株。

3. 迷你黄瓜在抽蔓期管理以＿＿＿＿＿＿为主，要严格＿＿＿＿＿＿，以促根系发育。

4. 预防迷你黄瓜枯萎病的常用药剂有＿＿＿＿＿＿、＿＿＿＿＿＿、＿＿＿＿＿＿等。

5. 播种迷你黄瓜时种子的覆土厚度为＿＿＿＿＿＿。

6. 迷你黄瓜生育期间要求一定的＿＿＿＿＿＿，以＿＿＿＿＿＿较为适宜，一般白天＿＿＿＿＿＿℃，夜间＿＿＿＿＿＿℃。

二、判断题（8分，每题2分）

1. 迷你黄瓜要利用营养钵或纸钵或营养土块护根育苗。　　　　　（　　）

2. 霜霉病属高温高湿病害。　　　　　（　　）

3. 迷你黄瓜整枝时 6 节以内的瓜与侧枝要全部打掉。　　　　　（　　）

4. 病虫害防治要以"预防为主，综合防治"为原则。　　　　　（　　）

三、简答题（41分）

1. 简述迷你黄瓜常规育苗的管理措施。（20分）

2. 迷你黄瓜的设施生产中如何进行温度、光照的管理？（12分）

3. 迷你黄瓜在采收时应注意哪些问题？（4分）

4. 预防迷你黄瓜枯萎病的农业技术措施有哪些？（5分）

■ 技能评价

在完成迷你黄瓜的生产任务之后，对实践进行评价总结，并在教师的组织下进行交流。

1. 在任务实践中遇到了哪些问题？你是如何解决的？

2. 根据自己掌握的知识，分析出现问题的原因。

3. 你认为在实践中哪些地方需要改进？

项目十八

樱桃萝卜的生产技术

学习目标

知识：1. 了解生产中常用的樱桃萝卜品种。
2. 了解樱桃萝卜的生长发育过程及对环境条件的要求。
3. 了解樱桃萝卜的栽培季节和茬口安排。
技能：1. 学会安排樱桃萝卜的栽培季节及茬口。
2. 学会樱桃萝卜的生产管理技术。

基础知识

樱桃萝卜（图 18-1，彩图 43）因其个头小，外貌与樱桃相似所以取名"樱桃萝卜"。樱桃萝卜品质细嫩，外形、色泽美观，具有较高的营养价值，而且可以生食、炒食、腌渍和做配菜，深受消费者的欢迎。樱桃萝卜生长速度快，生长周期短，属于易种植、收益快的蔬菜新种类。

一、品种介绍

樱桃萝卜为十字花科萝卜属中能形成肉质根的一二年生草本作物，属于四季萝卜类群中的一种。其肉质根圆形，直径 2～3cm，单根

图 18-1　樱桃萝卜

质量为 15～20g，根皮红色，瓤肉白色，生长期 30～40d。国内的栽培品种多从国外引进。目前生产中应用较广的品种有：

1. 赤丸二十日大根　从日本引进的品种。

特征特性：肉质根圆形，直径 2～3cm，表皮鲜红，肉质白嫩，单根质量为 15～20g；极早熟，生长期 20～30d；适应性强，除夏季高温外，可长期陆续栽培。

2. 美樱桃　由日本引进的小型萝卜品种。

特征特性：肉质根圆形，直径 2～3cm，单根重 15～20g，根皮红色，瓤为白色；具有生育期短、适应性强的特点，喜温和气候，不耐热，生育期 30d左右。

3. 罗莎

特征特性：极早熟品种，圆球形，果实深红，直径 1.5～2.0cm，地上部分短小，叶片小。

4. 四十日大根　从日本引进的最新杂交一代品种。

特征特性：肉质根球形，表皮红色，肉白色，肉质根直径 2～4cm，单根质量为 20～25g；早熟，生长期 30～40d；适宜暖温的气候，不耐炎热。

5. 上海小红萝卜

特征特性：肉质根扁圆球形，表皮玫瑰紫红色，根尾白色，肉白色，单根质量为 20g 左右，春季生长期 30～40d。

6. 萨丁

特征特性：极早熟品种，肉质根圆球形，表皮鲜红色，肉白色，直径 1.5～2.0cm，单根质量为 15g 左右；地上部分短小，叶片少，出苗后 20～25d 收获。

7. 红爵士

特征特性：进口杂交小型萝卜品种，肉质根圆球形，表皮光滑、鲜红色，肉质雪白细腻，单根质量为 20～25g；叶片短小、翠绿，根形整齐度好，不裂球，耐糠心；20～25d 可收获，高产耐病，特别适宜冬季及早春种植。

8. 赤玉

特征特性：小型萝卜品种，肉质根圆形，根须细小，单根质量为 20g 左右，外皮红色，肉质白，根形整齐，不裂球，耐糠心；适宜温度下，从播种到收获需 20～25d，低温下生长期延长，春、秋露地及冬春棚室均可种植。

9. 昆优萝卜

特征特性：早熟杂交品种，肉质根圆球形，直径 2cm 左右，表皮鲜红色，肉质致密，生食最佳；叶片浓绿色，小叶，根部叶片全生，耐热性强，四季均可播种的。

二、形态特征

1. 根　樱桃萝卜为直根系，主根入土深 60～150cm，主要根群分布在 20～40cm 的土层中。下胚轴与主根上部膨大形成肉质根。皮色有全红、上红下白、白 3 种颜色。

2. 茎　茎在营养生长期短缩，进入生殖生长期抽生花茎，花茎上可产生分枝。

3. 叶　有 2 片子叶，肾形。第一对真叶匙形，称基生叶，随后在营养生长期丛生在短缩茎上的叶子均称为莲座叶。叶形有板叶型和花叶型，深绿色或绿色。叶柄与叶脉多为绿色，个别有紫红色，上有茸毛。

4. 花、果实　植株通过温、光周期后，由顶芽抽生主花茎，主花茎叶腋间发生侧花枝。樱桃萝卜的花为总状花序，花瓣 4 片成十字形排列。花色有白色和淡紫色。果实为角果，成熟时不开裂。

5. 种子　樱桃萝卜的种子为扁圆形，浅黄色或暗褐色，种子发芽力可保持 5 年，但生长势会因长时间的保存而有所下降，所以生产上宜用 1～2 年的种子。

三、生长发育过程

1. 发芽期　种子萌动到第一片真叶显露，需要 4～6d。

2. 幼苗期　从真叶显露到根部"破肚"。此期叶面积不断扩大，主根不断加长、加粗生长。由于主根不断加粗生长，而外部的初生皮层不能相应生长和膨大，引起初生皮层破裂，称为"破肚"。

3. 莲座期　从"破肚"到"露肩"，此期肉质根与莲座叶同时旺盛生长。初期地上部的生长量大于地下部，后期叶片生长减弱，肉质根增长速度加快，根头膨大，这种现象称为"露肩"。

4. 肉质根生长盛期　即产品的形成期，从"露肩"到收获。此期以肉质根生长为主，生长量占总生长量的 80%，叶片光合作用制造的物质大量贮藏于肉质根内。

5. 抽薹、开花、结实阶段　樱桃萝卜经过低温春化，在长日照条件下抽薹、开花、结实。

四、对环境条件的要求

1. 对温度的要求　樱桃萝卜为半耐寒蔬菜。生长适宜的温度范围为 5～25℃。种子发芽的适温为 20～25℃；幼苗期对温度的适应范围广，可忍耐 25℃高温及短时间－3～－2℃的低温；叶片生长的适温在 15～20℃；肉质根膨大期的适温为 13～18℃。6℃以下生长缓慢，易通过春化阶段，造成未熟抽薹；0℃以下肉质根遭受冻害；高于 25℃，植株生长衰弱，易生病害，肉质根纤维增加，品质变劣。开花适温为 16～22℃。

2. 对光照的要求　要求中等强度的光照，光照不足影响光合产物的积累，肉质根膨大缓慢，降低，品质变差。樱桃萝卜属长日照作物，通过春化的植株在 12～14h（小时）日照下能进入开花期。

3. 对水分的要求　樱桃萝卜喜湿怕涝不耐干旱，生长过程要求均匀的水分供应。叶片大、蒸腾作用旺盛，不耐干旱，要求土壤相对湿度力最大持水量的 60%～80%。如果水分不足，肉质根内含水量少，易糠心；长期干旱，肉质根生长缓慢，须根增加，品质粗糙，味辣。土壤水分过多，通气不良，肉质根表皮粗糙，影响品质。土壤忽干忽湿，易导致肉质根开裂。

4. 对土壤及土壤养分的要求　樱桃萝卜喜保水和排水良好、疏松通气的砂质壤土，土壤含水量以 20% 为宜。在土层深厚，保水，排水良好，疏松透气的砂质壤土种植容易获得高产。樱桃萝卜喜肥，吸肥能力强，尤其喜钾肥，增施钾肥，配合氮、磷肥，可提高产量和品质。

五、栽培季节与制度

樱桃萝卜露地和设施均可种植。露地生产主要在春、秋季，春季一般在 3 月中旬至 5 月上旬陆续播种，秋季一般在 8 月上旬至 9 月下旬陆续播种。设施生产从 10 月到第二年的 3 月中旬，利用阳畦、塑料大棚、日光节能温室陆续播种，分期采收，尤其是越冬生产，近年来迅速发展，其上市时间正值元旦、春节的蔬菜大淡季，经济效益较可观。

由于生育期短，耐寒性好，樱桃萝卜是很好的间作、套种的蔬菜，如在日光温室中可以与番茄、黄瓜间作套种。

■ 任务实施

一、品种选择

目前樱桃萝卜生产中常用的品种有赤丸二十日大根、美樱桃、德国早红、四十日大根、红爵士等，选择品种主要根据市场的需求而定。

二、整地、施肥、做畦

由于樱桃萝卜的生育期较短，肉质根较小，一般施肥以基肥为主，不需要追肥。结合翻耕整地每 667m² 施腐熟的鸡粪或其他厩肥 4 000kg、草木灰 50kg，基肥要撒均匀，然后整平、耙细，做成宽 1.2m 的平畦，然后用 5～8kg 过磷酸钙作为种肥。

三、播种

樱桃萝卜一般采用平畦条播。种子可浸种催芽，也可干籽直播。浸种催芽时用 30℃ 温水浸泡 4～5h，捞出后用纱布包好，放在 20℃ 的环境下催芽，当幼根突破种皮时即可播种。干籽直播时，播前需要浇足底水造墒，按行距 10cm，开深 0.8～1.0cm 的播种沟，撒种，覆土 1cm，轻轻镇压。也可以起垄种植，垄宽 40cm，垄上开沟种 3 行。每 667m² 用种量为 1.0～1.5kg。

四、田间管理

1. 设施温度管理　樱桃萝卜播种后立即盖严塑料薄膜保温保湿，促进发芽。当栽培畦内白天温度达到 20～25℃ 时，2～3d 可以出苗。夜间最低温度不低于 6℃，低于 6℃ 容易通过春化阶段而造成未熟抽薹，影响产量和品质。出齐苗后，要通风降低温度，白天温度控制在 18～20℃，夜间 8～12℃，防止温度过高，尤其是夜温高造成幼苗徒长，成为"高脚苗"。在莲座期，温度不宜过高，防止地上部生长过旺，肉质根不能及时膨大，而延迟采收上市时间。白天温度控制在 13～18℃，夜间 10℃ 左右。肉质根膨大期温度不宜过高，温度高易造成糠心，粗纤维增多，降低产品品质。当环境温度超过 25℃ 时，植株则表现出生长不良，同时易发生病虫害。在 0℃ 的条件下，肉质根即遭受冻害，在华北地区冬季应加强保温防冻的管理。早晨适当晚揭草苫子，下午适当早盖草苫子，在寒流侵袭或连续阴雪天时，应增加覆盖物。

2. 间苗　樱桃萝卜第一次间苗是在子叶展开时，选择晴暖天气上午进行；第二次间苗在 2～3 叶时进行；3～4 片叶时定苗，株距 10cm 左右。拔除弱苗、拥挤苗、病虫苗。每次间苗后宜浇水一次。

3. 中耕除草　樱桃萝卜植株较小，特别是秋季种植，要及时中耕除草，消除杂草对养分的争夺，并促进萝卜根系对营养成分的吸收。

4. 水肥管理　樱桃萝卜幼苗期和莲座期浇水以地面见干见湿为原则，配合浅中耕以疏松土壤，促进根系发育。莲座期后期控制水分，促进生长中心转向肉质根膨大。在肉质根膨大盛期，多浇水，保持土壤湿润，促进肉质根生长。由于生长期短，基肥充足的情况下基本不需要再追肥。如果植株长势不良，有缺肥症状，可随水冲施少量速效氮肥，肥料浓度宜稀，每 667m² 50kg 水加尿素 100kg；肉质直根膨大期缺肥，每 667m² 50kg 水中加尿素 100kg、氯化钾 50kg，充分溶解后施入。

5. 病虫害防治　常见有蚜虫、黑斑病、霜霉病、病毒病等，病虫害的防治要把握预防为主、综合防治的原则。

五、采收

当樱桃萝卜肉质根直径达到 2～3cm 时应及时收获。收获过早，会影响产量；过迟，会导致纤维增多，且易产生糠心、裂根等，影响其品质。不同的种植季节和种植方式生长期不同，收获时间也不同，温度条件适宜，樱桃萝卜在生长 25～30d 即可收获。如果温度较低，则需 50～60d 才能收获。

■ 知识评价

一、填空题（56 分，每空 4 分）

1. 樱桃萝卜第一次间苗是在_____时；第二次间苗在_____时进行；_____时定苗，株距_____ cm。间苗的目的是_____。

2. 樱桃萝卜的种子发芽的适宜温度为_____℃，肉质根膨大期的适温为_____℃。

3. 当环境温度超过_____时，樱桃萝卜表现出生长不良，同时植株易发生_____。

4. 病虫害的防治要把握_____、_____的原则。

5. 当环境温度低于_____℃时植株容易通过_____而造成_____，影响产量和品质。

二、简答题（44 分）

1. 分析樱桃萝卜的生产季节及茬口安排。（10 分）

2. 简述樱桃萝卜水肥管理措施。（20 分）

3. 分析樱桃萝卜生产中浇水不当对产品品质造成的影响。（14 分）

■ 技能评价

在完成樱桃萝卜的生产任务之后，对实践进行评价总结，并在教师的组织下进行交流。

1. 在任务实践中遇到了哪些问题？你是如何解决的？

2. 根据自己掌握的知识，分析出现问题的原因。

3. 你认为在实践中哪些地方需要改进？

项目十九

无公害草莓的生产技术

■■ 学习目标

知识：1. 了解生产中常用的草莓优良品种。

2. 了解草莓的生长发育过程及对环境条件的要求。

3. 了解草莓的繁殖方法。

4. 了解草莓的种植方式。

技能：1. 能够科学制订草莓周年生产、周年供应的生产计划。

2. 能够根据计划合理安排生产。

3. 学会草莓的无公害生产管理技术。

■■ 基 础 知 识

　　草莓（图 19-1，彩图 44）又称洋莓、红莓，原产欧洲，20 世纪初传入我国，属于蔷薇科草莓属，为多年生常绿草本植物，果实为浆果，因其柔软多汁、色泽鲜艳、营养丰富、甜酸适口而备受消费者的青睐。

　　草莓在世界各国普遍栽培，其适应性广，具有结果早、周期短、见效快的优点，繁殖迅速、管理方便、成本低廉，是一种投资少、收益高的经济作物。草莓果实除鲜食外，还可加工成果酱、果汁、果酒、饮料、果糕、果脯及多种食品。

图 19-1　草　莓

一、品种介绍

草莓可分为食用草莓、观赏草莓和野生草莓三种。目前世界草莓主要品种有2 000多个，并且有新优品种不断出现，我国引进和自育的品种也有几百个，近几年我国有一定栽培面积的优良品种有：

1. 哈尼　美国中晚熟品种。

特征特性：植株生长健壮，株型开张，匍匐茎发生早，繁殖力强，适宜性好；果实圆锥形，果色紫红，果肉鲜红、酸甜适中，一级序果成熟期集中，果个均匀，硬度较好，耐贮运；适合露地栽植，是加工最好的品种之一。

2. 戈雷拉　比利时早中熟品种。

特征特性：植株生长势较强，株型开展，休眠期较深；叶片较小、厚、椭圆形、深绿色，叶面平展；平均单果质量为16g，果实大，短楔形，果面有纵沟、不平整，果肉红色，质地细腻、汁多、味甜酸，品质优良；抗病性、抗寒性均较强，栽培容易；成熟期较早，果实外观品质较好，耐贮运，产量高，我国南北方均可种植。

3. 大将军　美国培育的早熟新品种。

特征特性：植株生长强壮，叶片大，匍匐茎抽生能力中等；抗旱、耐高温，抗病、适应性强，花朵大，坐果率高；果实圆柱形，个大，最大单果质量为122g，一级序果平均质量为58g；果面鲜红，着色均匀，果实坚硬，特别耐贮运；成熟期比较集中，产量高，适合日光温室促成栽培。

4. 弗杰尼亚　西班牙中早熟品种。

特征特性：植株健壮，叶片较大，鲜绿色，可多次抽生花序；繁殖能力高，抗病力强；果实长圆锥形，个大，最大单果质量可超过100g，一级序果平均质量为42g，果颜色深红、亮泽，味酸甜，硬度大，耐贮运；产量高，每667m² 产量可达2 000kg以上；适合日光温室促成栽培。

5. 春香　从日本引进的品种。

特征特性：植株直立，分枝力中等，叶片较大，一级序果平均质量为17.8g，果肉红色，品质优良；属于一季品种，休眠期短，适合设施种植，一般每667m² 产1 500kg。

6. 草莓王子　荷兰培育的高产型中熟品种。

特征特性：植株生长强壮，匍匐茎抽生能力强，喜冷凉湿润气候；花芽分化需要低温短日照；果实圆锥形，个大，最大单果质量为107g，一级序果平均质量为42g；果面红色，有光泽；果实硬度好，贮运性能佳；产量高，特别适合我国北方拱棚和露地种植。

7. 杜克拉 西班牙早熟品种。

特征特性：植株长势旺健，株型直立，匍匐茎抽生能力强，休眠期短；果实楔形或长圆锥形，果面有棱沟，一级序果平均单果质量为 46g，最大单果质量为 156g，果实成熟后深红色，外观亮泽，果肉红，质地细腻，酸甜适口，品质优良；植株花量大，结实率高，连续结果能力强；对白粉病和灰霉病抗性强，适合日光温室种植。

8. 全明星 美国中晚熟品种。

特征特性：植株长势强，株态直立，株冠大，休眠深；抗病性较强，病害发生少，产量较高；果实圆锥形至短圆锥形，平均单果重 15g；果面鲜红色，有光泽；果肉白色，近果面红色，肉质细，风味适中；果实硬度大，耐贮运；鲜食加工兼用；主要用于露地、设施半促成栽培。

9. 美德莱特

特征特性：果实长圆锥形，大型果，平均单果质量为 28.6g，最大单果质量达 87g，阳面鲜红，阴面橘红，有光泽，果肉深橘红色，汁多，味甜，浓香；植株生长健壮，适宜密植，一年可连续成花，多次结果，结合设施种植，可实现四季开花结果，一年四季基本无明显的休眠期，弥补了国内夏秋无草莓可食的空缺，是目前草莓生产更新换代的理想品种，发展前景广阔。

10. 赛娃 从美国引进品种。

特征特性：大型果，平均单果质量为 31.2g，最大单果质量为 138g，风味浓香，口感好，品质优良；植株生长健壮，一年可连续成花，四季结果。

11. 章姬 日本早熟品种。

特征特性：果实长圆形，一级序果平均质量为 35g，最大果质量为 50g；果色鲜红，果肉柔软多汁，不耐贮运，长距离运输时需在七成熟时采摘，对白粉病、黄萎病、灰霉病抗性较强，但对炭疽病抗性弱；适合设施种植。

12. 丰香 日本研发的早熟品种。

特征特性：果实圆锥形，鲜红色；果肉浅红色，硬度中等，不耐长途运输；生长势强，植株中等直立，半开张，叶片长椭圆形、较厚，叶色浓绿有光泽；抽生匍匐茎能力强，粗壮，新茎分生能力强；休眠浅，结实类型为非四季型；适应性强，但非常不抗白粉病，对灰霉病有一定的抗性，花期易受低温危害；适合鲜食，适用于设施种植。

13. 星都 1 号 由北京市农业科学院林业果树研究所培育而成的。

特征特性：早熟品种，适合促成栽培；植株生长势强，株态较直立；花序多，花多，两性花；果实大，圆锥形，红色，有光泽；果肉为红色，质地细，汁多，品质好，丰产，我国南北方均可种植。

14. 星都 2 号　北京市农业科学院林业果树研究所培育出的新品种。

特征特性：早熟品种，果形为圆锥形，果面浓红色，果肉红，酸甜适中，香味较浓，肉质较细；一级序果平均质量为 27g，最大果质量为 59g，一般每 667m² 产 1 800～2 000kg；适合露地及设施种植。

15. 卡尔特 1 号　西班牙品种。

特征特性：植株高大、株型开张，生长势强，繁殖力弱；一级序果平均单果质量为 30g，口感细腻，品质极优；植株抗性强，休眠期较长，适于露地及大棚种植，一般每 667m² 产 2 500～3 000kg。

16. 枥乙女　日本枥木县农业试验场育成。

特征特性：植株旺盛，叶色浓绿，叶片肥厚，花量大小中等；果实圆锥形、鲜红色，肉质淡红、空心少，味香甜，果个较均匀，一级果质量为 30～40g，硬度好，耐贮运性强；休眠期浅，较抗白粉病，适宜温室生产。

17. 鬼怒甘　日本育成的早熟品种。

特征特性：长势健壮，株态直立，花蕾量中等，繁殖力强，耐高温，抗病能力中等；果实圆锥形，橙红色，果肉淡红，口感香甜有芳香味，硬度中等；一级序果平均质量为 35g 左右，最大 70g 左右；休眠期浅，适宜温室种植。

18. 女峰　日本中早熟品种。

特征特性：植株直立，生长势强，匍匐茎分生能力强，叶片大而浓绿，休眠浅；果实圆锥形、鲜红色，果肉淡红色，酸甜适口，有香味，果形整齐，果面有光泽，一级序果平均质量为 20g，最大果质量为 30g 左右；果实硬度大，较耐贮运，为优良鲜食品种，适宜温室种植。

19. 宝交早生　日本中早熟品种。

特征特性：植株长势旺，繁殖力强；果实呈圆锥形，硬度中等，果肉浅橙色，味香甜，是鲜食极佳品种；一级花序单果质量为 31g 左右；适宜温室和早春大棚种植，每 667m² 定植 8 000～9 000 株。

20. 红珍珠　日本品种。

特征特性：植株长势旺，株态开张，匍匐茎抽生能力强，耐高温，抗病性中等；果实圆锥形、鲜红色、味香甜，果肉淡黄色、汁浓、较软，是鲜果上市的上乘品种；休眠浅，适宜温室反季节种植，每 667m² 栽植 8 000～9 000 株。

21. 年末早生　日本品种。

特征特性：中早熟，植株生长势强，株态开张，叶密度大，叶色浓绿；果实圆锥形，果色亮红，口感细腻，味香甜；一级序果均质量为 20g，最大单果质量为 52g。

22. 丽红 日本品种。

特征特性：植株生长势强，直立，匍匐茎发生能力较强；叶片长椭圆形、较大、中等厚、深绿色；果实圆锥形，红色，肉质细密，汁多，香味浓，硬度较大；平均单果质量为 15～18g，最大果质量为 30g；休眠期中等偏浅，适宜温室或早春大棚促成或半促成栽培。

23. 红颜 日本新品种。

特征特性：早熟，植株长势强，株态直立，易于栽培管理；叶片大，新茎分枝多，连续结果能力强，高产；果个大，最大果 120g，果实圆锥形，硬度大于大部分日本品种，果面红色、有光泽；休眠浅，可抽发 4 次花序，各花序可连续开花结果，中间无断档。

24. 美香莎 荷兰引进的新品种。

特征特性：设施种植的最佳品种；果实长圆锥至方锤形，一级果质量为55g，最大果质量为 106g；果面深红、有光泽；果肉红色、心空，味微酸、香甜，品质极上；果实硬度特大，可切块、切片，其硬度属当今草莓品种中较大的；抗旱、耐高温，对多种重茬连作病害具有高度抗性，适应不同的土壤和气候条件。

25. 明晶 沈阳农业大学选育的中熟品种。

特征特性：植株较直立，分枝较少；果实大、近圆形、整齐一致；一级序果平均单果质量为 27.2g，最大果质量为达 43g；果面红色、平整、光泽好，果实硬度适当，耐贮运，果肉红色、致密、髓心小，风味酸甜爽口，汁液多，色红，品质上等；越冬性、抗病性、抗晚霜和抗旱性较强。

26. 长虹 2 号 沈阳农业大学从美国引进杂交种子选育而成。

特征特性：四季草莓品种，植株生长势中等，株型开展；果实大、圆锥形，一级序果平均单果质量为 20g，果面红色、有光泽，果肉细、红色，汁多、味酸甜、有香气，果实硬度好；抗性好，丰产。

27. 幸香 日本中早熟品种。

特征特性：果实长圆锥形，果形整齐，果面具有光泽，果肉细腻、浅红色，有香味，糖度较高，在低温少日照期仍着色良好，糖度稳定；一级序果平均质量为 35g 左右；耐贮运，易栽培，是目前发展潜力较大的品种，适宜设施栽植；该品种克服了"丰香"品种不抗白粉病、授粉能力差、畸形果多、着色不良、长势弱、繁殖系数低等缺点。

28. 矮丰

特征特性：果实呈不规则短圆锥形，平均单果质量为 18.5g，最大果质量为 52.3g，一级序果平均单果质量为 25.7g；果面平整，呈鲜红色，有光泽、果肉粉红色，汁液多，风味柔和，甜度大，微酸，质地较硬，耐贮性强；生长旺盛，产量高，成熟期早而集中；抗逆性及对白粉病、黄萎病和叶枯病的抗性强，栽培经济效益显著。

二、形态特征

草莓是多年生的常绿草本植物，其植株矮小，株高一般为 20～30cm，呈半匍匐或直立丛状生长。

1. 根　草莓的根系是由不定根组成的须根系，着生在短缩茎上，一般分布在距地表 20cm 深的表土层内。草莓植株根系一年内有 2～3 次生长高峰期。早春，当气温上升到 2～5℃或 10cm 土层的地温稳定在 1～2℃时，上一年秋季发出的越冬根开始进行延长生长。根系生长要比地上部生长早 10d 左右。以后随气温的回升，地上部花序开始显露，地下部逐渐发出新根，越冬根的延长生长渐渐停止。当 10cm 地温稳定在 13～15℃时，根系生长达到第一次高峰；直到 7 月上旬，草莓营养生长旺盛，在草莓腋芽处萌发大量的匍匐茎，新茎基部也会产生许多新根系，根系生长进入第二次高峰；9 月下旬至越冬前，由于叶片养分回流运转，土温降低，营养大量积累并贮藏于根状茎内，根系生长形成第三次高峰。

2. 茎　草莓的茎分为新茎、根状茎、匍匐茎三种。

（1）新茎。当年萌发的短缩茎，呈背形，花序均发生在弓背方向，新茎上密生多节，节间较短。叶片在新茎上轮生，叶腋处有腋芽，腋芽具有早熟性，温度高时萌发成匍匐茎，温度较低时，萌发成新茎分枝，有的不萌发成为隐芽。当植株地上部分受损伤时，隐芽萌发成新茎分枝或匍匐茎。新茎的顶芽到秋季可形成混合花芽，成为主茎上的第一花序。新茎分枝的形态与新茎相同，分枝的多少品种间差别大，新茎分枝可用来做繁殖材料繁殖幼苗，但其生活力弱，主要在匍匐茎少的品种上应用。

（2）根状茎。多年生的短缩茎称为根状茎。在植株生长的第二年，当新茎上的叶全部枯死脱落后，变成形似根的根状茎，它是一种具有节和年轮的地下茎，是贮藏营养物质的器官。2 年后的根状茎，常在新茎基部发生大量不定根。3 年以上的根状茎极少发生不定根，并从下部向上逐渐衰亡。

（3）匍匐茎。匍匐茎是由新茎腋芽萌发形成的特殊地上茎，具有繁殖能力。匍匐茎一般在坐果后期开始抽生，在花序下部新茎叶腋处先产生叶片，然后出现第一个匍匐茎并开始向上生长。多数品种匍匐茎先在第二节处向上发出新叶，向下形成不定根。如果土壤湿润，不定根向土中扎入后，即长成一株匍匐茎苗，2～3 周后可独立成活，随后在第四、六偶数节上发出匍匐茎苗。

3. 芽　草莓的芽可分为顶芽和腋芽。顶芽着生在新茎顶端，腋芽着生在新茎叶腋里，具有早熟性。

4. 果实　草莓的果实是由花托膨大形成的，成熟的果实颜色由橙红到深红，果肉颜色多为白色、橙红色或红色，形状有球形、扁球、短圆锥、圆锥、长圆锥、短楔、楔形、长楔形、纺锤形等。

5. 种子　草莓的种子为圆锥形，黄色或黄绿色，呈螺旋状排列在果肉上。不同品种的种子在浆果表面上嵌生的深度不一样，通常种子凸出果面的品种较耐贮运。一般而言，种子越多，分布越均匀，果实发育越好。草莓种子的发芽力一般为2～3年。由于用种子繁殖的成苗后代很难维持母株原有的优良性状，所以生产上一般不用种子来繁殖。

三、生长发育过程

草莓一年的生长可分为以下几个时期：

1. 开始生长期　此期是指早春根系活动，地上部萌芽至花蕾出现。随着春季气温、地温的上升，草莓的根系首先开始生长，保持绿色的越冬叶片开始光合作用，随着新叶陆续出现，新叶叶柄伸长、叶片展开，老叶开始干枯死亡。早春草莓的生长主要靠根状茎和根中贮藏的养分，因此，加强上年秋季的管理，促进养分的贮存，对早春草莓的生命活动起十分重要的作用。

2. 开花结果期　从茎、叶开始生长，一般经过1个月左右的时间，出现花茎，随着花茎的发育，花序出现，从花蕾显现到第一朵花开放大约需要半个月的时间，由开花到果实成熟大约需要1个月的时间。开花期根系停止生长，地上部分叶片数和叶面积迅速增加，叶片制造的养分几乎全部供给开花结果用。

3. 营养生长期　草莓浆果采收后，植株便进入了旺盛的营养生长期。在高温长日照条件下，匍匐茎开始大量发生，同时产生新茎分枝。新茎和新茎分枝加速生长，其基部发生不定根，产生了新的根系。匍匐茎的抽生，按着一定顺序向上长叶，向下扎根，长出新的幼苗。这一时期是草莓匍匐茎苗和新茎分枝苗大量繁殖的重要时期。此期一般从7月开始，一直持续到9月，在炎热的夏季，草莓苗生长缓慢，进入秋季后，叶片和根系的生长达到高峰期。

4. 花芽分化期　随着秋季的来临，当气温降至20℃以下、日照缩短至12h以下时，花芽开始分化。花芽的分化先从顶花芽开始，20～30d后，腋花芽开始分化。

花芽分化标志着植株从营养生长转向生殖生长。只有四季草莓品种可以在夏季高温和长日照的条件下进行花芽分化，不断地开花结果。秋季分化的花芽，在第二年的4～6月开始结果，但在设施生产中可打破这一惯例，促使草莓提早或延晚开花结果。

5. 休眠期 秋末冬初，日照进一步变短，当气温降到5℃以下时，草莓停止生长，开始进入休眠阶段。处在休眠期的植株表现为叶片小，叶柄变短并逐渐与地面平行，不再生匍匐茎，呈现矮化状态。

草莓植株的休眠受日照长短和温度的影响，在低温和短日照条件下才能进入休眠期。从秋季到冬季，日照时间逐渐变短，温度逐渐下降，草莓开始进入休眠阶段，且休眠逐渐加深；到第二年春天，外界气温逐渐回升，日照越来越长，草莓植株打破了自然休眠开始生长发育。

草莓不同品种休眠期深浅不同，通常以5℃以下所经历的小时数来衡量。休眠时间在100h以下的品种为浅休眠品种，100～400h为中等休眠品种，400h以上的品种为深休眠品种。

四、繁殖方法

草莓的繁殖方法有种子繁殖及利用匍匐茎和新茎分枝繁殖。种子繁殖时，由于异花授粉的原因，实生苗之间个体变异较大，很难保持原品种的优良性状，只限于育种工作中采用。匍匐茎繁殖法是目前草莓生产上普遍采用的繁苗方法；新茎分枝繁苗的苗质量差，一般只在匍匐茎抽生较少时应用。

为了避免长期无性繁殖带来的品种退化现象，近年来，利用组织培养结合匍匐茎繁殖法生产草莓脱毒苗的技术已经成熟。草莓脱毒苗植株长势强、抗性强、产量提高，有效降低了病毒病对生产造成的损失。

五、对环境条件的要求

1. 对温度的要求 草莓对温度的适应性较广，喜欢凉爽温和的气候条件。草莓根系生长的最适温度为15～18℃，地温达2℃时根系开始活动，10℃时发出新根，冬季土壤温度下降到－8℃时，会受到危害。草莓茎叶生长的最适温度为18～23℃，气温达到5℃时地上部开始生长，超过30℃生长受抑制；生长期－7℃以下低温植株会发生冻害，－10℃会冻死。秋末经过霜冻和低温锻炼的草莓苗，抗寒力可大大提高，芽能耐－10～－15℃的低温。除四季草莓外，一季作草莓花芽分化要求低温短日照，花芽分化适温为5～17℃，开花期适温为14～21℃，平均温度高于10℃开始开花，遇0℃低温会使柱头变黑，温度高于30℃花粉发育不良，影响种子发育，导致畸形果。果实膨大期适温为18～25℃，最低温度为12℃，在适宜温度范围内，较低温度可形成大果，但果实发育慢；较高温度促使果实提前成熟，但果个偏小；较大的昼夜温差有利果实发育和糖分积累。

2. 对光照的要求　草莓喜光，但又较耐阴，其光饱和点为20 000～30 000 lx。在光照充足的条件下，草莓植株生长健壮，花芽分化好，高产优质；光照不足或种植过密时，叶片薄，叶柄、花柄细长，叶色淡，花小，果小、味酸，成熟期延迟。

草莓在不同的生长发育阶段对日照长短的要求不同。在花芽形成期，要求每天10～12h的短日照和较低温度。花芽分化后给以长日照处理，能促进发育和开花。在开花结果期和旺盛生长期，需要12～15h的日照时间。

3. 对水分的要求　草莓为浅根性植物，叶片蒸腾量大，在整个生长发育过程中，要求充足的水分供应。缺乏水分，阻碍茎、叶正常生长，降低产量和品质；在匍匐茎大量发生期，如果土壤干旱缺水，不定根难以扎入土中，会造成子株死亡。但土壤湿度过高，会导致土壤氧气不足，影响根系生长，严重时会造成植株死亡。

不同的生育期对水分的要求不同。开花期应满足水分供应，此时缺水，影响授粉、受精过程和花朵的开放，严重干旱时，花朵枯萎；果实膨大期土壤相对湿度应保持田间最大持水量的80%，此时缺水，果个变小，品质变差；果实成熟期，应适当控水，促进着色，提高品质，如果水分太多，容易造成烂果；匍匐茎大量形成期，需水较多，只有充足的水分供应，才能形成大量的根系发达的匍匐茎苗；花芽分化期适当减少水分，以促进花芽的形成。

4. 对土壤及土壤养分的要求　草莓可以在各种土壤中生长，但在疏松、肥沃、通气良好、保肥保水能力强的壤土或沙壤土中容易获得优质高产。草莓喜中性或微酸性的土壤，适宜的 pH 在 5.5～6.5；草莓对土壤盐浓度敏感，盐浓度过高会发生障碍，一般施液肥浓度不宜超过 3%，所以盐碱地和石灰性土壤不适宜种植草莓。

草莓要求丰富的土壤有机质，花芽分化和开花坐果期增施磷、钾肥可促进花芽分化，增加产量，提高品质；而氮肥过多会抑制和延缓花芽分化。除氮、磷、钾外，草莓也要求适量的钙、镁和硼肥。

六、栽培季节与制度

近年来，草莓生产发展迅速，在辽宁、山东、河北、四川、江苏、浙江、北京、上海等十几个省市广泛种植。草莓的种植方式主要有露地种植和设施种植。

1. 露地种植　主要在春季种植，5月开始采收。也可以通过抑制栽培技术，满足7～10月草莓鲜果供应。

抑制栽培是利用草莓植株及花芽耐低温能力强的特点，把在自然条件下已形成花芽并已通过生理休眠的植株，在较低温度（−2～3℃）下冷藏，促使植株进入被迫休眠，根据上市供应的日期解除冷藏，提供其生长发育及开花结果所要求的条件使之开花结果的方法。

2. 设施种植　利用日光温室、塑料大中小拱棚、地膜覆盖等设施，运用促成栽培及半促成栽培技术，使草莓鲜果上市期从 11 月一直延续到第二年 6 月。

促成栽培是在冬季低温季节促进花芽分化的栽培方式。当草莓将要进入休眠而尚未休眠时利用设施加强增温、保温，人工创造适合草莓生长发育、开花结果的环境条件，使草莓鲜果能提早到 11 月中下旬成熟上市，并持续采收到第二年 5 月。促成栽培所用设施因地区而异，北方地区宜采用高效节能日光温室，而在南方地区可以采用塑料大棚栽培。

半促成栽培是草莓植株在秋冬季节自然低温条件下进入休眠之后，通过满足植株低温需求并结合其他方法打破其休眠，同时采用保温、增温的方法，让植株提早恢复生长，提早开花结果，使果实能在 2～4 月成熟上市的栽培方法。采用的设施一般为大中小拱棚以及日光温室。

草莓适应性强，生态类型较多，通过以上各种种植方式及相应技术措施的配合，基本上可以做到周年供应。但在草莓栽培面积不断扩大、产量不断提高的同时，由于生产过程中化肥、农药的不合理使用，连作障碍日益严重，使草莓产品内在品质下降，既影响了市场价格，还威胁着消费者的健康，进行无公害草莓生产才是发展的方向。

七、无公害草莓生产对产地环境要求

无公害草莓产地应选在生态条件良好，远离污染源的地方。产地的环境按照《无公害食品　草莓产地环境条件》（NY 5104—2002）执行。

■ 任务实施

一、品种选择

草莓品种众多，特性各异，尤其是不同品种休眠期长短及耐低温力不同，应结合种植方式、气候特点、产品用途、市场需求和交通等因素选择生长势强、坐果率高、抗逆性强的优良品种，在北方地区，露地种植和半促成栽培选用休眠中等或休眠深、花芽分化较强的品种；促成栽培选择花芽分化早、植株休眠浅、打破休眠容易、开花至结果期短、耐低温的品种。

二、培育壮苗

无公害草莓生产的壮苗标准是叶柄短，具有5～6片展开叶，根颈粗1.0～1.3cm，叶大、叶肉厚，根系发达，白根多，苗全株质量为20～30g，无病虫害，其中促成栽培要求花芽分化早而且发育充实。

(一) 常规育苗技术

步骤1　苗圃地的选择与建立

要培育出合格的秧苗，应建立专门的育苗圃。

苗圃应选择地势平坦、上茬未种植过草莓的沙壤地块，并施足基肥，每667m² 施用腐熟的农家肥4 000～5 000kg，氮、磷、钾复合肥15～20kg，深翻20～30cm，耕匀耙细后做成宽1.5～2.0m的平畦，雨水多的地区做宽0.8～1.0m高畦。

步骤2　选择优良母株

在露地或设施生产时选用品种纯正，长势强，各花序结果正常，果实整齐、畸形果少，根系发达，无病虫害的植株做母株（原原种），经夏秋繁殖出匍匐茎苗后，再从中选取优良匍匐茎苗为母株（原种），秋季定植于苗圃培育，第二年春季定植于育苗圃，进一步繁殖生产用苗。

步骤3　母株的定植

在春季日平均气温达到10～12℃时定植母株。每畦中间按株距50cm定植一行母株，每667m² 栽600～800株。母株栽苗前根系应保湿，栽植深度把握上不埋心、下不露根。

步骤4　母株定植后管理

母株定植后浇透水，苗期要经常浇水以保持土壤湿润。小苗大量发生后隔15～20d每667m² 施氮、磷、钾三元复合肥10～15kg，8月上中旬停止施用氮肥，只施磷、钾肥。整个生长期要结合松土及时进行人工除草。

母株现蕾后及时摘去花序。匍匐茎发生后将其在母株四周均匀摆布，并在着生苗节位前3cm处压蔓，促进子苗生根。定植起苗前1个月对匍匐茎摘心，并摘除过密的弱小苗，以保证子苗的质量。

抽生匍匐茎较少的品种可在母株成活并长出3片新叶后喷施1～2次50mg/L的赤霉素，每株喷5～10mL促进匍匐茎的抽生。

(二) 假植育苗

草莓无公害生产中促成栽培和半促成栽培宜采用假植育苗。在育苗圃中繁殖出大量匍匐茎苗以后，便可采苗集中到假植圃中进一步培育。假植育苗有利于培育健壮、整齐的秧苗，提早分化花芽。一般有苗床假植和营养钵假植两种方式。

步骤 1　假植育苗前的准备

假植苗圃地一般每 $667m^2$ 施优质圈肥 $1\,500\sim2\,000kg$，做成宽 1.2m 的苗畦。塑料营养钵选择直径为 10cm 或 12cm 均可。育苗土用无病菌和虫卵的田园表土，每立方米加入腐熟农家肥 20kg。

步骤 2　栽植

视苗情和天气在 7 月中下旬开始假植。假植前一天先将苗圃地浇透水，第二天选取 $2\sim3$ 片展开叶、扎根健壮的匍匐茎子苗，带土起苗，在阴天或晴天下午光照较弱时栽入营养钵或苗床，苗床栽苗的株行距为 15cm×20cm。

步骤 3　栽植后管理

栽植后立即浇透水，并进行遮阳，日盖夜揭，以促进成活。$3\sim5d$ 内每天浇水 $1\sim2$ 次，以保持土壤湿润。成活后，除去遮阳物。追肥要看苗的长势而定，可根据苗情追施速效性化肥 $1\sim2$ 次，每次每 $667m^2$ 可追尿素 $8\sim10kg$ 或磷酸二铵 $10\sim15kg$，以促进秧苗根系发达，生长健壮。此后 8 月中旬后控制叶量，保持 $4\sim5$ 叶，要控制氮肥的施用，可施些磷、钾肥，可以每 10d 喷施一次 0.3% 的磷酸二氢钾，这对于促进营养物质在植物体内的运输、积累和花芽分化都有利。

待假植苗长出 $2\sim3$ 片新叶时，及时摘除老叶、病叶和抽生的匍匐茎及腋芽，防治炭疽病、褐斑病、叶斑病、蚜虫和红蜘蛛等病虫害。

三、定植

步骤 1　确定定植时期

草莓不论是露地栽培还是设施种植，均以秋栽为主。北方地区露地栽培和半促成栽培在 8 月中旬到 9 月初，在花芽分化前定植；促成栽培应在 9 月中旬，70% 植株开始花芽分化时定植。

步骤 2　定植前的准备

1. 土壤消毒　选择土层较深厚、排灌方便的沙壤土或壤土的地块种植。夏季耕翻晒垡，杀死病虫草害。重茬地应在 6 月中下旬到 7 月及时收获前茬作物，施肥翻耕后灌透水，用无破损塑料薄膜封严地块，利用夏季高温消毒 $20\sim30d$。也可以先大水淹灌，$10\sim15d$ 后再施肥、深翻土壤，适当灌水后覆膜消毒。

2. 整地、施基肥、做畦　无公害草莓施肥的原则是：根据草莓的需肥规律和土壤供肥能力，进行平衡施肥。施肥应以有机肥为主，化肥为辅。

定植前半个月左右清除前茬作物，每 667m² 施腐熟捣细的优质农家肥（使用腐熟的鸡粪效果更好）4 000～5 000kg、磷酸二铵 20kg、硫酸钾 10kg 或氮磷钾复合肥（5∶5∶2.5）30～40kg、过磷酸钙 40kg。施肥后深耕 25～30cm，耙细整平做高畦。设施栽培以大垄栽培为主，垄沟 30～40cm、垄面宽 60～70cm、垄高 15～20cm；露地以畦栽为主，畦宽 80～100cm、畦高 10～15cm。

步骤 3 定植

在起苗前一天苗床浇透水，从起苗到栽苗根系应保湿，最好带土移栽，尽量少伤根。在垄上按行距 30～35cm、株距 15～20cm 挖穴栽苗；畦栽按行距 50cm、株距 20cm 定植，每垄（畦）栽两行，"三角形"种植，每 667m² 6 000～8 000株。

栽植时大小苗分开，将根系完全伸展，并将新茎弓背朝向畦沟一侧，种植深度以不埋心叶也不露根为宜，边种边淋水，栽后连续浇小水，直到成活。

四、定植后的管理

（一）露地种植管理

步骤 1 冬前管理

定植后顺畦沟浇透水，缓苗前小水勤浇，浇水后要浅中耕除草，促进发根。缓苗后控制浇水，保持土壤见干见湿，浇水后浅中耕除草。北方地区在 10 月中下旬前停止浇水，避免植株贪青越冬死苗。

若不带土坨定植或缓苗期间气温较高，白天可用遮阳网遮阳，这样根系恢复快，苗的成活率也高。

在花芽分化开始后，每 667m² 可追施 8kg 氮、磷、钾三元复合肥促进生长发育。

植株长出 2 片新叶后，每株保留 5～6 片健壮叶，摘除枯叶、老叶、腋芽和匍匐茎。

步骤 2 越冬期管理

越冬期应注意防寒保温。北方地区在土壤封冻前浇足冻水，浇水前每 667m² 追施氮、磷、钾复合肥 40kg，到土壤完全封冻时在草莓植株上面覆盖地膜，并在地膜上覆盖 5～10cm 厚的秸秆、稻草等覆盖物。

步骤 3 返青后管理

第二年春季土壤开始解冻时分批撤除秸秆等覆盖物；草莓初花期可破膜提苗；70％植株开花时结合浇返青水每 667m² 追施氮、磷、钾复合肥 10～15kg；果实膨大期每 667m² 追施磷、钾复合肥 20kg；结果期根据秧苗生长情况可叶面喷施 0.3%～0.5% 的尿素和磷酸二氢钾等叶面肥 2～3 次,生长季节及时摘除黄叶、病叶、匍匐茎;开花结果期及时疏除高级序无效花果。

(二)促成栽培、半促成栽培管理

步骤 1　定植后到扣棚前管理

此期正是草莓营养生长向生殖生长过渡期,田间管理工作十分重要。

缓苗后不追肥,少浇水,保持土壤湿润即可,否则秧苗生长过旺会延迟花芽分化。应及时摘除植株下部老叶、黄叶、病叶以及刚抽生的腋芽和匍匐茎等。

到 9 月下旬,第一花序开始分化,应加强肥水管理以促进花芽的发育,每 667m² 追施尿素 10kg,追肥后及时浇水,以后每 5～7d 浇一次水。

步骤 2　适期扣棚保温

1. 促成栽培　在顶花芽分化之后,并且第一腋花芽也已分化至休眠以前要及时扣棚保温。在日平均气温降到 16～17℃、日最低气温降到 8～10℃时覆盖棚膜。北方用日光温室生产应在 10 月上中旬覆膜,11 月上旬盖草苫。浅休眠品种保温时间可适当晚些,而休眠较深的品种保温时间可适当提早。保温过早会抑制腋花芽分化,过晚则植株已进入休眠,很难再打破,特别是休眠较深的品种,会造成植株严重矮化。

2. 半促成栽培　草莓植株通过休眠后开始保温,北方地区日光温室和塑料大棚栽培在 11 月底到翌年 1 月初扣膜。

步骤 3　覆盖地膜

扣棚后中耕 2～3 次,促进根系发育,在顶花芽现蕾时覆盖黑色地膜。地膜宽度应覆盖至沟底,以后进行膜下灌溉。铺膜后立即破膜提苗。

步骤 4　扣棚后温度管理

1. 扣棚保温初期　密闭温室白天温度达 28～30℃,超过 35℃放风,夜间保持在 12～15℃,最低不低于 8℃。这样可以防止植株休眠矮化,并促进花芽的发育。

2. 现蕾期　适当降低温度,既有利于第一花序的发育,又能促进腋花芽(第二花序)的分化。白天温度控制在 25～28℃,夜间为 10～12℃,夜温超过 13℃则会使腋花芽退化,雌、雄蕊发育受阻。

3. 开花期　对温度反应敏感,白天温度保持在 23～25℃,夜间为 8～10℃,当温室温度超过 25℃时应及时放风,这样既有利于开花也有利于开花后的授粉、受精。此期温度过低,花药不能开散,开花、授粉、受精不良,会增加畸形果比例。

4. 果实膨大期　为促进果实膨大,减少小果率,白天温度保持在 20～25℃,夜间 6～10℃为宜。

5. 果实采收期期　白天温度保持在 20～23℃，夜间 5～7℃。

步骤 5　扣棚后空气湿度管理

扣棚保温前浇一次水，使保温初期设施内保持较高的空气湿度；植株现蕾后适当通风降低空气湿度，开花期空气相对湿度保持在 30%～50%，结果期空气相对湿度控制在 60%～70%。

步骤 6　扣棚后水肥管理

草莓为浅根作物，大部分根系在地表向下 15cm 的土层内，表土极易干燥，因此灌水宜少量多次。在扣棚前和保温后盖地膜前各浇一次水，以后应结合追肥浇水。装有滴灌设施的大约每 1～2 周滴水一次。覆盖地膜后膜下灌水，把握"湿而不涝，干而不旱"为原则，土壤相对湿度保持在田间最大持水量 50%～60%。

保温以后追肥至少要进行 4～5 次，即盖地膜前、果实膨大期、开始采收期、盛收期、收后植株恢复期及腋花序开始采收期。每次每 667m² 随水追施氮、磷、钾三元复合肥 8～10kg 为宜，采用滴管结合追液肥效果更好。第一次采收高峰过后的发叶期，还可结合苗情叶面喷施 0.5% 的磷酸二氢钾等叶面肥 2～3 次。

冬季温室中增施二氧化碳气肥会明显提高草莓光合作用效率，产量增加 20%～50%，同时，增施二氧化碳气肥还能增加大果概率，提高果实糖度。扣膜保温后，植株长出 2～3 片新叶时施用二氧化碳气肥，施肥时间是 9～16 时，使揭草苦后半小时二氧化碳浓度达到所要求的 750～1 000mg/L。中午如果要通风，应在通风前半小时停止施肥。

步骤 7　植株调整

应及时摘除侧芽和匍匐茎，一般除主芽外，再保留 2～3 个侧芽，其余生于植株外侧的小芽全部摘除，同时摘除下部老叶、黄叶和病叶。

步骤 8　辅助授粉及疏花、疏果

由于冬春温度低，棚室通风少，影响草莓授粉、受精，导致大量畸形果产生，可在上午 9～10 时人工辅助授粉。常用的方法是用软毛笔在开放的花中心轻轻涂抹，或在开花盛期，用细毛掸子在花序上面轻拂，也可采用蜜蜂授粉的办法。

根据品种的结果能力和植株的健壮程度进行花果的调整，一般第一花序保留 6～10 个果，第二、三花序保留 6～8 个果，将高级次的小花、小果及部分畸形果摘除掉，并随时把病果摘除带出室外。

步骤 9　病虫害防治

无公害草莓病虫害的防治原则应以农业防治、物理防治、生物防治为主，科学使用化学药剂防治技术。

草莓生产上禁止使用的化学农药有：六六六，滴滴涕，毒杀芬，二溴氯丙烷，杀虫脒，二溴乙烷，除草醚，艾氏剂，狄氏剂，汞制剂，砷、铅类，敌枯双，氟乙酰胺，甘氟，毒鼠强，氟乙酸钠，毒鼠硅，甲胺磷，甲基对硫磷，对硫磷，久效磷，磷胺，甲拌磷，甲基异柳磷，特丁硫磷，甲基硫环磷，治螟磷，内吸磷，克百威，涕灭威，灭线磷，硫环磷，蝇毒磷，地虫硫磷，氯唑磷，苯线磷，氧化乐果，水胺硫磷，灭多威等高毒、高残留农药。

1. 灰霉病　灰霉病是草莓生产中的主要病害，主要危害花瓣、花萼、果实，果梗、叶片及叶柄均可感染。果实快成熟时发病，发病初期，受害部分出现黄褐色小斑，呈油渍状，后期扩展至边缘棕褐色、中央暗褐色病斑，最后全果变软、腐烂。病部表面密生灰色霉层，湿度高时，长出白色絮状菌丝。花、叶、茎受害后呈褐色至深褐色，油渍状，严重时受害部位腐烂，湿度高时，病部也会产生白色絮状菌丝。

防治措施：选地势高燥、通风良好的地块栽植；合理密植；避免氮肥过多，防止植株过度繁茂；应及时清除老叶、枯叶、病叶和病果，并将其销毁深埋；设施生产中采用地膜覆盖，降低棚室内的空气湿度，并要经常通风；药剂防治要以防为主，现蕾期前用50％的腐霉利800倍液、50％乙烯菌核利1 000～1 500倍液、50％多菌灵500倍液每7～10d喷一次药，连续喷药2～4次。

2. 白粉病　白粉病广泛发生于草莓设施生产中，主要危害叶、叶柄、果实、果梗。发病初期叶背局部出现白色粉状物，以后迅速扩展到全株，随着病势的加重，叶向上卷曲，呈汤匙状；花蕾感病后，花瓣变为红色，花蕾不能开放；感病果实表面覆盖白色粉状物，果实停止肥大，着色变差，失去商品价值。

防治措施：采用抗病品种，如宝交早生、哈尼、全明星等对白粉病有较强抗性的品种；冬季清园，烧毁病叶；及时摘除地面上的老叶及病叶、病果并集中深埋；雨后要及时排水；药剂防治，露地生产的开花前、匍匐茎发生期、定植后，设施生产在花期前后可喷30％氟菌唑5 000倍液、四氟醚唑和硫黄悬浮剂。

3. 炭疽病　炭疽病主要发生在匍匐茎抽生期与育苗期，主要危害匍匐茎与叶柄，也可感染叶片、托叶、花、果实。发病初期，病斑水渍状，呈纺锤形或椭圆形，后病斑变为黑色，或中央褐色、边缘红棕色。湿度高时，病部可见胶状物，即分生孢子堆。

防治措施：选择抗病性强的品种，如宝交早生、丰香、早红光等；避免苗圃地多年连作，尽可能实施轮作制，注意清园，及时摘除病叶、病茎、枯老叶等带病残体并妥善处理；药剂防治，在匍匐茎抽生前可用敌菌丹 800 倍、百菌清 600 倍连续喷 3～5 次，或喷 0.4％等量式波尔多液 2 次。

4. 根腐病　发病时地上部先由基部叶的边缘开始变为红褐色，再逐渐向上凋萎枯死，根部中心柱变为红褐色，将根颈横切，在中心柱部位可见针点样褐变。

防治措施：选用抗病品种，如戈雷拉等；避免连作，实行轮作倒茬；培育无病菌壮苗；土壤消毒可采用太阳能高温消毒；防止田间积水，采用高畦栽培、地膜覆盖以提高地温可减少发病；药剂防治，定植前用哈茨木霉菌根部型进行处理，每平方米 4～8g，在移栽后苗期，发病前或发病初期灌根，每平方米使用 2～4g；发现病株后及时挖除，并浇灌氨基寡糖素水剂 300 倍液。

5. 红蜘蛛　受害的叶片局部形成灰白色小点，随后逐步扩展，形成斑驳状花纹，危害严重时，使叶片成锈色干枯，似火烧状，植株生长受抑制，造成严重减产。

防治措施：草莓育苗期间避免干旱；随时摘除病叶和枯黄叶可有效地减少虫源传播；药剂防治，采果前选用低残毒、触杀作用强的 20％双甲醚乳油 1 000～1 500 倍液，每次间隔 5d，喷 2 次，采果前 2 周禁止使用。

6. 蚜虫　草莓受害后使叶片卷缩、扭曲变形，蚜虫还会传播病毒。

防治措施：及时摘除老叶，清理田间，消灭杂草；黄板诱杀，每 667m² 挂 40 块 100cm×20cm 的黄板；草莓开花前可用 50％的敌敌畏 1 000 倍液、40％乐果乳油 1 000～1 500 倍液、50％抗蚜威 2 500～3 000 倍液喷药防治 1～2 次，采果前 15d 停止用药。为避免蚜虫产生抗药性，不可单一用药，各种药剂应交替使用。

五、采收

步骤 1　确定采收期

1. 鲜销　果面着色 70％以上时采收为宜，但硬肉型品种在果实接近全红时采收才能达到该品种应有的品质和风味，也并不影响贮运。就近销售时在全熟时采收，但不能过熟。

2. 加工　要加工成果酒、果汁、饮料、果酱、果冻的草莓要求果实完全成熟时采收，以提高果实的糖度和香味。加工整形罐头的草莓，要求果实大小一致，在八成熟时采收。

3. 远途运输　果实在七八成熟时（果面 2/3 着色时）采收。

步骤2　采收

采收前要做好准备，采收用的容器要浅，底部要平，内壁光滑，内垫海绵或其他软的衬垫物。

在清晨露水干后至午间高温来临之前或傍晚转凉后进行采收。采收初期每隔1~2d采收一次，盛果期每天采收一次。采收时用拇指和食指掐断果柄，将果实按大小分级摆放于容器内，采摘的果实要求果柄短、不损伤花萼、无机械损伤、无病虫危害。采收应及时并做到轻拿、轻摘、轻放。采收后要立即在阴凉通风处分级包装。

步骤3　分级

草莓采收时随采随分级。分级标准如下：

1. 特等品　果实完整、良好、新鲜洁净，无刺伤、药斑、病虫害，无异味，果形端正，颖片完全，可溶性固形物8%以上，单果质量不低于20g。

2. 一等品　果形正常，新鲜洁净，无刺伤、药斑、病虫害，无异味，颖片完全，可溶性固形物8%，果面缺陷面积不超过0.1cm²，单果质量在15g以上。

3. 二等品　果形稍不整齐，无畸形果，允许轻微缺陷面积不超过0.15cm²，单果质量8g以上，可溶性固形物8%。

六、贮藏保鲜

草莓要随采随销，不能及时运销时，应采取保鲜措施以保持产品的品质。

1. 冷库贮藏　将包装好的草莓放入冷库贮藏，库温维持在0~2℃，可贮存7~10d。包装箱要摆放在货架上，切勿就地堆放。

2. 塑料薄膜帐贮藏　利用厚0.2mm的聚乙烯膜做帐，形成一个相对密闭的贮藏环境，加上硅窗控制可以进行简易的气调贮藏。草莓气调贮藏的适宜气体成分指标是二氧化碳3%~6%、氧3%、氮91%~94%。当二氧化碳浓度提高到10%时，果实软化、风味变差。气调贮藏草莓的时间为10~15d。

生产中常见问题及处理措施：设施生产中发生的畸形果（图19-2）较多，主要原因是授粉、受精不完全。草莓是一种既能自花授粉又能异花授粉的作物，在设施生产条件下，花媒昆虫少，再加上设施内高湿、弱光及温度变化剧烈，使花粉稔性降低、畸形果增多。解决措施如下：

①合理配置授粉品种。如果所选用品种花粉稔性低，则在其间混种一定比例的花粉量多的品种，如宝交早生与达娜、全明星与宝交早生或丰香。

②人工养蜂。在设施中养蜂，可显著减少畸形果概率，并明显提高产量和产品等级。

③合理调控棚室内的温、湿度。采用高畦覆盖地膜，进行膜下灌溉可降低

图 19-2　草莓畸形果

空气湿度，棚膜应采用长寿无滴膜，减少水滴浸湿柱头，随时监控设施的温度，采取通风、覆盖等措施将棚室温度调控在适宜的范围。

■ 知识评价

一、填空题（38 分，每空 2 分）

1. 草莓的种植方式有_____、_____、_____、_____ 4 种。

2. 无公害草莓病虫害的防治原则应以_____为主，综合利用_____、_____、_____，科学使用_____防治技术。

3. 草莓的繁殖方法有_____及利用_____和_____繁殖。_____只限于育种工作中采用。_____是目前草莓生产上普遍采用的繁苗方法。

4. 草莓开花期适温为_____，遇_____低温会使柱头变黑，温度高于_____花粉发育不良导致畸形果。果实膨大适温是_____，最低温度为_____。

二、判断题（8 分，每题 2 分）

1. 建立专用的草莓育苗圃利于培育无病壮苗。　　　　　　　（　　）

2. 在设施中养蜂或人工辅助授粉可显著减少畸形果概率。　　（　　）

3. 草莓适宜间作套种。　　　　　　　　　　　　　　　　　（　　）

4. 草莓应根据不同的用途选择不同的采收成熟度。　　　　（　　）

三、简答题（54分）

1. 生产中如何选择草莓品种？（10分）

2. 总结草莓育苗的技术要点。（12分）

3. 草莓不能及时出售时如何进行保鲜？（10分）

4. 总结促成栽培草莓的管理技术。（22分）

▓ 技 能 评 价

在完成草莓的生产任务之后，对实践进行评价总结，并在教师的组织下进行交流。

1. 在任务实践中遇到了哪些问题？你是如何解决的？

2. 根据自己掌握的知识，分析出现问题的原因。

3. 你认为在实践中哪些地方需要改进？

主要参考文献

安新哲，吴海东，王鑫．2009．甘蓝、花椰菜无公害标准化栽培技术［M］．北京：化学工业出版社．

李书华，于继庆，郑红霞．2012．芦笋高效栽培技术［M］．济南：山东科学技术出版社．

李建永，于丽艳，于法君，等．2012．大棚花椰菜青花菜高效栽培技术［M］．济南：山东科学技术出版社．

李小川，张京社．2009．蔬菜穴盘育苗［M］．北京：金盾出版社．

刘海河，张彦萍．2012．豆类蔬菜安全优质高效栽培技术［M］．北京：化学工业出版社．

韩世栋．2001．蔬菜栽培［M］．北京：中国农业出版社．

焦自高，徐坤．2002．蔬菜生产技术（北方本）［M］．北京：高等教育出版社．

周振和，吕维．2008．茼蒿菜、芦蒿种植技术［M］．延吉：延边人民出版社．

周厚成．2008．草莓标准化生产技术［M］．北京：金盾出版社．

陈贵林．2009．大棚日光温室希特菜栽培技术［M］．北京：金盾出版社．

陈杏禹．2002．我国北方地区稀特蔬菜大有可为［J］．农民科技培训（12）：7-8．

陈杏禹．2005．蔬菜栽培［M］．北京：高等教育出版社．

陈素娟．2011．绿叶菜类蔬菜标准化生产实用新技术疑难解答［M］．北京：中国农业出版社．

山东农业大学．2000．蔬菜栽培学各论（北方本）［M］．3版．北京：中国农业出版社．

王晋华，赵肖斌．2005．图文精解芽苗菜生产技术［M］．郑州：中原农民出版社．

图书在版编目（CIP）数据

稀特蔬菜生产新技术/张俊萍主编.—北京：中
国农业出版社，2017.8
新型职业农民示范培训教材
ISBN 978-7-109-23004-0

Ⅰ.①稀… Ⅱ.①张… Ⅲ.①蔬菜园艺－技术培训－
教材 Ⅳ.①S63

中国版本图书馆 CIP 数据核字（2017）第 135654 号

中国农业出版社出版
（北京市朝阳区麦子店街 18 号楼）
（邮政编码 100125）
责任编辑 郭晨茜 钟海梅

北京通州皇家印刷厂印刷 新华书店北京发行所发行
2017 年 8 月第 1 版 2017 年 8 月北京第 1 次印刷

开本．720mm×960mm 1/16 印张：14.25 插页：4
字数：240 千字
定价：42.00 元
（凡本版图书出现印刷、装订错误，请向出版社发行部调换）